Führer für Pilzfreunde

Edmund Michael

Alpha Editions

This edition published in 2022

ISBN : 9789356710924

Design and Setting By
Alpha Editions
www.alphaedis.com
Email - info@alphaedis.com

Begleitwort.

Mit großer Freude und Genugtuung begrüße ich die Neuauflage der vorliegenden Volksausgabe meines „Führers für Pilzfreunde“, das 46.–60. Tausend. Erstmalig im Jahre 1896 erschienen, bietet er gegenwärtig von 39 der bekanntesten und wertvollsten Pilzsorten, die auf deutschem Boden wachsen, getreue farbige Abbildungen in natürlicher Größe.

Dem praktischen Pilzsammler ist damit für den Anfang ein zuverlässiger Führer geboten, der ihm ermöglicht, sich mit einer Anzahl häufig vorkommender Pilze bekannt zu machen. Strebt er dann tiefer in die Pilzkunde, so sei er auf mein Hauptwerk verwiesen, in dem unter gleichem Titel in drei handlichen Taschenbändchen 345 Sorten veranschaulicht sind. Im ersten Bande sind die wichtigsten eßbaren, giftigen und wissenswerten Sorten abgebildet und beschrieben, in den beiden weiteren Bänden, stufenweise fortschreitend, die demnächst wichtigen. Durch diese praktisch bewährte Anordnung ist auch dem weniger Bemittelten eine allmähliche Anschaffung des Werkes und Bereicherung seiner Pilzkenntnisse möglich, und daran lag mir besonders.

Wie haben sich im Laufe der Zeit die Ansichten über den Wert der Pilze geändert! Wurde früher das Pilzesammeln und die Pilzverwertung von vielen Seiten nur als Liebhaberei angesehen, so hat sich durch den großen Lehrmeister Krieg die Ansicht und Erkenntnis über den Wert der Pilze vollständig geändert. Wie wurde einst der Verfasser, auch von wirtschaftlicher Seite, angegriffen, weil er die Pilze das „Fleisch des Waldes“ nannte! Freilich gründeten diese Kritiker ihre Beurteilung auf die seinerzeit so hoch eingeschätzte Eiweißtheorie, nach der nur die Speisen allein Anerkennung fanden, welche hohen Eiweißgehalt aufwiesen. Der Eiweißgehalt war ja der fast alleinige Maßstab für die Wertschätzung einer Speise. In gleicher Weise wie Pilze wurden aber auch Kartoffeln und Gemüse als minderwertig eingeschätzt. Was wäre aber aus unserem deutschen Volke geworden, hätten uns diese beiden letzterwähnten Nährmittel in den Kriegsjahren nicht zu Gebote gestanden! Und nun stehen die Pilze nach den neueren Forschungen mit einem teilweise doppelten Eiweißgehalte und zwar mit verdaulichem Eiweiß, wie auch neuerdings noch nachgewiesen wurde, über diesen Ernährungsmitteln, den Kartoffeln und dem Gemüse. Erfreulicherweise haben nunmehr auch die Regierungsbehörden auf den hohen Wert der Pilze hingewiesen.

Hinsichtlich der Pilzvergiftungsgefahr sei auf die bezüglichen Ausführungen in diesem Buche hingewiesen. Auch hier sei aber ängstlichen Gemütern zur Beruhigung gesagt, daß Pilzvergiftungen meist auf den Genuß verdorbener Pilze zurückzuführen sind. Man achte also auf rasche Verwertung eingetragener Pilze namentlich bei heißer und feuchter Witterung. Wirklich gefährlich sind die unter 19 und 21 dargestellten Pilze, der Gelbliche Gift-Wulstling (Gelbliche Knollenblätterpilz) und der Königsfliegenpilz. Bei einiger Vorsicht sind aber auch diese zwei Giftpilze nicht mit anderen Pilzen zu verwechseln.

Im übrigen gibt es nur ein Mittel gegen Pilzvergiftung: **Genaue Kenntnis der Pilze!** Für den Laien ist nun zunächst die Kenntnis der großen Zahl eßbarer, ungenießbarer, verdächtiger und schädlicher Pilze nicht unbedingt notwendig, denn das erfordert ein eingehendes Sonderstudium. Es genügt vielmehr zunächst, sich genaue Kenntnis bestimmter eßbarer Pilzsorten zu verschaffen und die wenigen giftigsten Pilze kennen zu lernen. **Das kann nur durch vorzügliche Abbildungen mit zutreffenden Erläuterungen geschehen.** Beides hoffe ich, aus meiner langjährigen Erfahrung heraus gegeben zu haben. Für erstere hat die auf dem Gebiete des Farbendrucks besonders leistungsfähige Druck- und Verlagsfirma auf Grund peinlich genau gemalter Vorlagen bestens gesorgt. **Minderwertige, schlechte Abbildungen sind die größte Gefahr für den Pilzverbraucher, vor ihnen kann nicht dringend genug gewarnt werden.**

Der Laie beschränke sich jederzeit auf die ihm genau bekannten und vertrauten Pilzsorten und suche seine Kenntnisse allmählich zu erweitern, dazu helfe ihm für den Anfang dieser Führer.

So möge auch die neue Auflage der Volksausgabe meines Führers für Pilzfreunde Segen stiften und mitarbeiten an der Verallgemeinerung der Pilzkenntnisse und des Verbrauches dieses billigen und leicht verwertbaren Ernährungsmittels.

Auerbach i. V., im April 1917.

Sachverzeichnis.

A. Deutsche Pilznamen.

B. Lateinische Gattungsnamen.

C. Erklärung der abgekürzten Autornamen.

Alb. et Schw.	=	J. B. v. Albertini, 1769–1831, und L. D. v. Schweinitz, 1780–1834, Vorsteher der Herrnhuter Gemeinde in Niesky (Lausitz).
Batsch	=	A. G. K. Batsch, 1761–1802, Professor der Medizin und Naturgeschichte in Jena.
Bull.	=	Pierre Bulliard, 1742–1793, Naturforscher in Paris.
Fr.	=	Elias Fries, 1794–1878, Professor der Botanik und Direktor des botanischen Gartens und Museums der Universität Upsala. Sein berühmtes Pilzwerk „Die Systematik der Blätterpilze“ hat von dieser Zeit ab die Grundlage für alle Pilzforschungen gebildet.
Horn.	=	J. W. Hornemann, 1770–1841, Professor der Botanik in Kopenhagen.
Huds.	=	W. Hudson, 1730–1793, Apotheker und Botaniker in London.
L.	=	Karl v. Linné (Linnaeus), 1707–1778, Professor der Botanik in Upsala.

Pers. = Christ. Heinrich Persoon, 1755–1837, bedeutender Mykologe, Göttingen, Paris, Begründer des ersten Systems der Pilze.

Quel. = L. Quélet, †1899, Mykologe in Frankreich.

Schaeff. = Jacob Christian Schaeffer, 1718–1790, Superintendent zu Regensburg, gab das erste Pilzwerk mit handkolorierten Abbildungen heraus.

Scop. = J. A. Scopoli, 1723–1788, Professor in Schemnitz (Ungarn) und Pavia.

Sw. = Olof Swartz, 1760–1818, Professor in Stockholm.

Verzeichnis der Abbildungen.

28. Samtfuß-Krämpling.
29. Kahler Krämpling.
30. Echter Ritterling. Grünling, Grünreizker.
31. Grauer Ritterling.
32. Stock-Schüppling. Stockschwämmchen.
33. Honiggelber Hallimasch.
34. Büschliger Schwefelkopf.
35. Habichts-Stacheling. Habichtspilz, Rehpilz.
36. Semmel-Porling. Semmelpilz.
37. Schaf-Porling. Schafeuter.
38. Kartoffel-Bovist. Pomeranzen-Härtling.
39. Schwärzlicher Bovist. Eier-Bovist.

Welchen Wert haben die Pilze?

So alt, als es Menschen und Pilze gibt, ist wohl die Verwertung der Pilze als Nahrungs- und Genußmittel. Früher wurden von unseren vielen eßbaren Sorten nur hier und da einzelne als Volksnahrungsmittel benutzt, obgleich sie sich in pilzreichen Jahren in ungeheurer Menge so mühe- und kostenlos sammeln ließen, daß Tausende von armen Menschen vorzüglich schmeckende und nährstoffreiche Mahlzeiten hätten haben können. In neuerer Zeit hat die Verbreitung der Pilzkenntnisse durch Pilzbücher, Schulunterricht und behördliche Hinweise erfreulich zugenommen und ist in weiterem Fortschritte begriffen.

Über den Nährwert der Pilze hat die Ansicht in wissenschaftlichen Kreisen sehr gewechselt. Einst wurde er besonders hoch eingeschätzt, weil die durch chemische Untersuchungen gefundenen Stickstoffverbindungen als zum größten Teil verdaulich angenommen wurden. Später wurde diese Ansicht als unrichtig bestritten, weil ein beträchtlicher Teil der Stickstoffverbindungen unlöslich sei. Diese Feststellungen gründeten sich indessen nicht auf Verdauungsversuche beim Menschen selbst, sondern auf künstliche chemische Verdauungsversuche im Laboratorium. Hierzu kommt, daß bis jetzt eine einheitliche Art und Weise für die chemische Untersuchung der Pilze noch nicht gefunden ist und deshalb die betreffenden Ergebnisse der Chemiker sehr verschieden ausfallen. In dem Werke von Dr. J. Zeller, welches alle Untersuchungen über die chemische Zusammensetzung der Pilze enthält, wird auf Seite 218 darauf hingewiesen, wie wenig Wert den bisherigen Untersuchungen nach der wissenschaftlichen Seite hin beizumessen sei. Diese Behauptung wird begründet mit den zur Zeit noch nicht einheitlich festgestellten Untersuchungsweisen, dem außerordentlich schwankenden Wassergehalte der Pilze, dem verschiedenen Einflusse der Ernährungsverhältnisse, der Mannigfaltigkeit der Bodenarten und anderen Lebens- und Entwicklungsbedingungen. Aus diesen Gründen kann an dieser Stelle von der Aufführung der Untersuchungstabellen bezüglich des Eiweißgehaltes der Pilze Abstand genommen werden; es dürfte genügen, nur die Durchschnittszahlen anzugeben. Nach Zeller sollen die Pilze im frischen Zustande 2–3 Prozent, im trockenen 20–30 Prozent Proteinkörper (Stickstoffverbindungen) enthalten, während die nicht proteinartigen stickstoffhaltigen Körper etwa 5–20 Prozent betragen; ferner sind 60–80 Prozent der stickstoffhaltigen Bestandteile und 45–71 Prozent der eigentlichen Eiweißkörper verdaulich. Als weiteren Nachweis über die einzelnen Bestandteile der Pilze, insbesondere des Edelpilzes (Champignon) und die Verhältnisse zum Fleische und Gemüsearten diene beistehende übersichtliche Zusammenstellung:

Nähere Bezeichnung	I. In den (natürlichen lebend-) frischen Pilzen						II. In der Trockenmasse			
	Wasser %	Stickstoff %	Fett %	Stickstofffreie Extraktstoffe %	Rohfaser %	Asche %	Stickstoff %	Stickstofffreie Extraktstoffe %	Fett %	Stickstoff in der Trockenmasse %
Frischer Edelpilz (Champignon): Mittel aus 20 Analysen (König, S. 809 und 810)	87,40	4,88	0,20	3,57	0,83	0,82	47,42	34,58	—	7,59
Mageres Ochsenfleisch: Mittel aus 10 Analysen (König, S. 4)	76,47	20,56	1,74	—	—	1,17	87,38	—	7,41	13,98
Gemüsearten: (Weißkohl, Spargel und Salat) Mittel aus 40 Analysen (König, S. 786, 787 und 791)	92,72	1,73	0,21	2,54	1,12	1,01	24,63	42,63	—	3,94

Die hier angeführten Mittelzahlen aus einer größeren Zahl von Analysen zeigen, daß die frischen Edelpilze – und ähnlich verhalten sich die übrigen eßbaren Pilze – nach ihrer Zusammensetzung mehr den Gemüsearten als der Fleischnahrung gleichzusetzen wären; dies ist begründet im hohen Wassergehalte der Pilze. Wie steht es nun aber in der Wirklichkeit? Da die Pilze im eigenen Wasser bei der Zubereitung als Speise gekocht werden und dieses 50–60 vom Hundert verdampft, so erhöht sich doch der Eiweißgehalt auf das Doppelte. Noch mehr nähert sich der Eiweißgehalt dem des Fleisches bei den getrockneten Pilzen. – „Hier ist das Fleisch“ schreibt Professor Dr. Falck, „im Gegensatz zu den Gemüsesorten durch einen etwa dreieinhalbmal so großen Gehalt an Stickstoffsubstanz ausgezeichnet, während die Pilze etwa doppelt soviel enthalten als die Gemüsearten, also eine mittlere Stellung einnehmen. Dafür enthält das Gemüse etwa 40 Prozent stickstofffreie Extraktstoffe (größtenteils Kohlehydrate), die beim Fleisch, bis auf geringe Mengen Glycogen, nahezu vollständig fehlen. Die Pilze stehen hier wieder in der Mitte, sie enthalten etwa 30 Prozent stickstofffreie Extraktstoffe, die auch nach Art und Zusammensetzung von den aus den pflanzlichen Gemüsearten gewonnenen Extraktstoffen abweichen.“

Nach allen diesen Erörterungen gehören die Pilze zu denjenigen Nahrungsmitteln, die eine ziemlich hohe Wertschätzung beanspruchen dürfen. Hierbei kommt weiter in Betracht, daß der nötige Eiweißbedarf zur

Vollernährung eines Menschen nicht mehr wie früher von Voit und Pettenkofer angenommen, 120–140 Gramm beträgt, sondern nach den neueren Forschungen und vor allem nach den wirklichen Erfahrungen durch Versuche an lebenden Menschen 50–60 Gramm, ja sogar noch etwas darunter, genügen. Es wurde bereits im Vorworte darauf hingewiesen, so daß es sich erübrigt, hier darauf weiter einzugehen.

Außer dem Eiweißgehalte enthalten aber die Pilze auch noch andere Stoffe, die bei der Ernährung von Wert sind, das sind die Nährsalze und die Zuckerstoffe, der Mannit (Mannazucker) und der Traubenzucker. Ferner enthalten sie auch Fettstoffe, die dem Gemüse fast vollständig fehlen.

Schon in den früheren Auflagen des Michaelschen „Führers für Pilzfreunde“ wurde ganz besonders auf den Wert des Pilzextraktes hingewiesen und seine Zubereitung angegeben. Fast alle seit 1896 erschienenen Volks-Pilzbücher und die Anweisungsbücher für die mannigfaltige Zubereitung der Pilze haben sich diese Vorschrift des Verfassers zu eigen gemacht und sie empfohlen. Sehr erfreut war er deshalb, daß auch Prof. Dr. Falck auf den hohen (Eiweiß-)Wert des Pilzextraktes hinweist und ihn vollständig den verschiedenen zur Zeit in den Handel kommenden Fleischextrakten bezüglich des Eiweißgehaltes gleichstellt, ihn jedoch noch hochwertiger nach der Geschmacksseite einschätzt.

Damit ist aber der Wert der Pilze noch nicht erschöpft, denn einen ebenso hohen Wert als menschliche Speise haben sie für die tierische Kost. Für diesen Zweck kann man alle anderen zur menschlichen Speise unbrauchbaren Pilze verwenden, mit Ausnahme der giftigsten, wie die Knollenblätterpilze, der Fliegen- und Königsfliegenpilz, der Satanspilz. Warum lassen wir uns die Natur so wenig als Lehrmeisterin dienen? Wer je einmal die Sauparke mit ihren Wildschweinen besucht hat, weiß, daß eine Pilzausbeute in diesen Gegenden vollständig ausgeschlossen ist, da die Säue fast alle Pilzsorten verzehren. Den Schweinen werden die Pilze als Futter in frischem, aber in gutem, nicht verfaultem Zustande gegeben, ebenso können sie getrocknet, dann aufgeweicht, dem Futter beigemengt werden. Für die Hühner, die keine frischen Pilze fressen, werden die scharfgetrockneten, dann gemahlenen Pilze dem Weichfutter zugemischt. Hier war auch für den Verfasser die Erfahrung die Lehrmeisterin. Schon seit vielen Jahren sind sämtliche Pilzabfälle, die beim Putzen der Pilze entstanden, gut getrocknet und, wie oben angegeben, dem Weichfutter beigemischt worden. Wieviel Getreideschrot und Kleie kann da gespart werden! Die Eiererzeugung bestätigte den Wert des Ersatzfutters. Ferner ist schon vor vielen Jahren in den Fischereizeitungen, insbesondere der österreichischen, auf die Fütterung der Fische mit Pilzen hingewiesen worden. Darnach sollen zehn Pfund frischverfütterte kleingehackte Pilze ein Pfund Fleischzuwachs geben.

Wie werden die Pilze als Speise zubereitet?

Sehr einfach ist die Vorbereitung der eßbaren Pilze zum Genuß. Man hat nur nötig, sie nach dem Reinigen und Putzen in kleine längliche Stücke zu schneiden, sie dann sauber zu waschen, in Schüsseln ausgebreitet etwas zu salzen und hierauf bis zur eigentlichen Zubereitung kühl und luftig zu stellen. Zähe und harte Stiele sind nie mitzunehmen, abziehbare Oberhaut ist immer abzuziehen. Junges und madenfreies Futter kann stets verwendet werden. Bei vielen Blätterpilzen würde fast nichts übrig bleiben, wollte man das ganze Futter mit beseitigen. Zu alte oder irgendwie angefaulte Pilze werfe man fort.

Durch langes Kochen werden die Pilze nicht verdaulicher, im Gegenteil schwerer verdaulich, weil dann das Eiweiß noch mehr verhärtet. Gewisse schwer verdauliche Eiweißteile sind an die Zellwandungen der Pilze, Fungin genannt, gebunden. Im sogenannten Berliner Salz oder doppeltkohlensaurem Natron haben wir ein unschädliches Mittel, die chemische Auflösung dieser Zellulose einzuleiten. Auf ein Liter geschnittene Pilze gebe man etwa eine Messerspitze voll doppeltkohlensaures Natron, das ja auch, wie die Hausfrau weiß, vorzügliche Dienste beim Kochen zähen Fleisches, saurer Flecke oder Gemüse verrichtet. Hofrat Dr. Wirt hat auch auf die Anwendung des Sauerbrunnenwassers als wertvoll für das leichtere Weichkochen von Pilzen und Hülsenfrüchten hingewiesen, denn das dem Kaseïn verwandte Legumin (Eiweiß der Leguminosenfrüchte) löst sich leichter in schwach alkalischem Wasser als in gewöhnlichem oder gar stark alkalischem. Doppeltkohlensaures Natron macht eben in der angegebenen Zusatzmenge das Wasser schwach alkalisch.

Zu beachten ist, daß zu den gewaschenen und abgetropften Pilzen niemals Wasser zugegossen wird; man läßt vielmehr die Pilze in ihrem eigenen Wasser kochen, von dem sie bis zu 90 Prozent enthalten. Außer Natron wird, wenn nicht schon vorher geschehen, noch etwas Kochsalz beigegeben.

Bei Morcheln und Lorcheln muß das Reinigen und Waschen sehr sorgfältig und mehrmals erfolgen, denn sie enthalten häufig Sand. Stockmorcheln sind vor dem Ansetzen abzubrühen; sie enthalten ein besonderes Gift, welches durch das Abbrühen entfernt wird. Der Verfasser hat durch Genuß von frischen und gesunden Morcheln niemals unangenehme Folgen empfunden.

Will man getrocknete Pilze zu Suppen usw. verwenden, so müssen diese am Abend vorher nach Abwaschen des Staubes mit soviel kaltem Wasser, wie nötig, eingeweicht werden. Während der Nacht bleiben sie stehen, und erst kurz vor der Verwendung werden sie in diesem Wasser gekocht. Durch solche Vorbehandlung quellen die Pilze vorzüglich auf und werden weich und zart. Gänzlich falsch ist es, getrocknete Pilze erst kurz vor der Zubereitung zu nehmen. Selbst tüchtig mit Wasser oder Fleischbrühe gekocht, werden die Zellwandungen der getrockneten Pilze auf diese Weise nicht genügend aufgeschlossen. Die Pilze bleiben somit zum großen Teil unverdaulich und wertlos für die Ernährung.

Es mögen hier noch einige erprobte Verwendungs-Vorschriften folgen (man beachte auch den Abschnitt „Wie schützt man sich vor Pilzvergiftungen?" Seite 19).

Wer eine noch ausführlichere Anweisung wünscht, dem sei das Pilzkochbuch von E. Herrmann in Dresden (Verlag von C. Heinrich, Dresden-N.), Preis 70 Pfennig, empfohlen.

1. Suppe von frischen Pilzen.

Die zubereiteten Pilze werden fein gewiegt, mit kochendem Wasser nebst Salz und etwas Butter angesetzt und ½ Stunde gekocht. Unterdessen wird ein wenig Mehl gebräunt, hineingequirlt und die Suppe mit Petersilie, sowie etwas Pfeffer abgeschmeckt. Außerdem kann Ei hinzukommen. Ist Fleischbrühe vorhanden, so kann auch diese mit Verwendung finden.

2. Suppe von getrockneten Pilzen.

Für fünf Personen nehme man eine Tasse voll getrockneter Pilze, weiche sie am Abend vorher in Wasser ein und wiege sie dann fein. Hierauf werden sie in dem Einweichwasser mit Butter und Salz ziemlich eine Stunde lang gedünstet. Nun werden sie mit dem nötigen Suppenwasser aufgekocht, mit Braunmehl, Petersilie und Pfeffer und je nach Belieben mit Ei abgezogen. In Butter geröstete Semmel wird hinzugegeben.

3. Gemüse von Pilzen.

Die zubereiteten, fein geschnittenen Pilze werden mit etwas Natron (siehe Seite 12) und Salz angesetzt, und ziemlich dreiviertel Stunde gekocht. Dann wird das Pilzwasser abgegossen, jedoch nicht weggeschüttet, sondern zur Suppe verwandt oder zum Extrakt genommen (siehe Bereitung des Extraktes). Hierauf werden die Pilze mit Butter oder Fett gedünstet, und mit viel Petersilie und etwas feinem Pfeffer vermengt.

4. Pilzpfanne.

Die zugerichteten Pilze werden zuerst weich gekocht und wenn noch Brühe (Pilzextrakt!) vorhanden, wird diese abgegossen; die Pilze werden dann fein gewiegt und mit Butter, einigen Eiern, sowie in Milch aufgeweichter Semmel zusammengerührt und zuletzt in einer mit Butter ausgestrichenen Pfanne gebacken.

5. Pilzgebackenes (nach Klöber, Pilzküche).

Der Boden einer Pfanne wird erst mit Butter, dann mit einer Lage geriebenen Schwarzbrotes bedeckt, darauf kommt eine Schicht Pilze, welche mit Salz, Pfeffer und anderem Gewürz bestreut wird. Diese Schichtung wiederholt man solange, bis die Pfanne voll ist, belegt die oberste Schicht mit Butter und bäckt das Ganze.

6. Salat von Pilzen.

Die zugerichteten und in Salzwasser gebrühten Pilze werden in kleine Stückchen oder Scheibchen geschnitten und mit Essig, Öl, Pfeffer und Salz angerichtet. Den schmackhaftesten Salat gibt natürlich der echte Weinessig. Je nach Geschmack können verschiedene Gewürzkräuter wie Petersilie, Schnittlauch und Estragon mit Verwendung finden. Außerdem können selbstverständlich verschiedene Arten Mischsalate mit Kartoffeln, fein gewiegten Sardellen oder Hering (aber nicht zuviel), Äpfeln und Fleischstückchen usw. hergestellt werden. Eine findige und praktische Hausfrau wird selbst mancherlei Abwechslung schaffen.

7. Klöße von frischen Pilzen.

Auch bei diesen Pilzklößen kann je nach den Zutaten, die zur Verfügung stehen, eine große Mannigfaltigkeit der Zubereitung erzielt werden. Ein sklavisches Binden an die eine oder andere Vorschrift ist unnötig, denn eine praktische Hausfrau vermag reiche Abwechslung zu schaffen. Einige Winke mögen genügen:

Man nimmt z. B. auf zwei Liter geschnittene Pilze, die fein gewiegt oder durch einen sogenannten Fleischwolf getrieben werden, ein halbes Pfund gehacktes Schweinefleisch oder Rindfleisch, auch Fischfleisch, ein Ei, fein gewiegte Zwiebel, Salz, etwas Pfeffer und soviel trockene geriebene oder gestoßene Semmel als nötig ist, um daraus Klöße formen und braten zu können. Bei Fleischmangel werden trockenes geriebenes Brot und Semmel, je zur Hälfte, ein oder zwei Eier zum Binden der Masse und das nötige Gewürz genommen.

8. Klöße von getrockneten Pilzen.

Man nimmt getrocknete und, wie weiter oben angegeben, eingeweichte Pilze, dünstet sie und hackt sie dann klar. Hierauf mischt man sie mit Butter, Zwiebel, etwas aufgeweichter und ausgedrückter Semmel, Zitronensaft und zwei bis drei Teelöffel Pilzextrakt, fügt Ei zum Binden und soviel trockene geriebene Semmel hinzu, um daraus Klößchen formen und braten zu können.

9. Pilzklößchen zu Reis, Gräupchen usw.

Pilze (frisch oder getrocknet) werden gewiegt, in Butter mit Salz und Zitronensaft gedünstet. Nach dem Verkühlen wird Ei und Semmel (halb gerieben, halb geweicht) hinzugefügt, die Masse zu walnußgroßen Klößchen geformt und in siedendem Wasser gekocht.

10. Bereitung des Pilzextraktes.

Trotz der verschiedenen im Handel befindlichen „Würzen“ steht zum Verfeinern einer Suppe, einer Tasse Fleischbrühe, einer Bratentunke der selbstgefertigte Pilzextrakt unübertroffen da. Derselbe kann fast aus allen Pilzsorten gefertigt werden, aber auch hierbei gibt die Praxis verschiedene wertvolle Winke. So können ganz besonders diejenigen Pilzarten die vorzüglichste Verwertung finden, die mitunter in riesiger Menge vorkommen, so daß sie kaum zur Speise bewältigt werden können, zumal wenn in sogenannten Pilzjahren erstklassige Speisepilze reichlich vorhanden sind. Ebenso finden solche Arten sofortige Verarbeitung, die sich nur wenige Stunden halten und oft massig zu ernten sind. Erinnert sei nur an den walzigen und an den Schopf-Tintling, die oft tausendweise auf einer Wiese stehen. Und in welchen Mengen finden sich zu Zeiten der echte Reizker, der Hallimasch, der Perlpilz, die Ritterlinge, die Täublinge, die Gelblinge usw., ebenso der Sand-Röhrling. Die anderen Röhrlinge eignen sich wegen ihres außerordentlich schleimigen Charakters nicht so gut zum Extrakt wie die oben erwähnten Pilze.

Bei Herstellung desselben verfahre man in folgender Weise: Die geputzten und gereinigten Pilze werden in gleicher Weise zunächst wie die Pilze zur Speise behandelt, d. h. im eigenen Safte abgekocht, aber ohne Natronzusatz, da dieser sonst den Extrakt schaumig macht. Diese Brühe wird abgegossen, die abgeseihten Pilze nochmals mit etwas wenig Salzwasser tüchtig ausgekocht und dieser Saft zur ersten Abkochung getan. Die Pilze selbst werden, um allen Saft zu gewinnen, in einem Säckchen einem leichten, dauernden Drucke unterworfen. Der gesamte Saft wird hierauf stark gesalzen, auf ein Liter davon ein Kaffeelöffel Salz, und nun so dick eingedampft, daß zuletzt der Extrakt sirupdick wird. Am schnellsten kommt man zum Ziele, wenn der dünne Saft zunächst in Pfannen eingedampft wird und dann in kleineren Töpfen. Man nehme aber nur ganz neue Tongefäße zu diesem Zwecke, die man später ja stets dazu verwenden kann. Der fertige Extrakt wird nun in kleinen, weithalsigen Fläschchen aufbewahrt. So hält er sich jahrelang.

Beim Gebrauche rechnet man auf 5–6 Teller Suppe einen Kaffeelöffel Extrakt. Zu diesem Zwecke wird vorstehende Menge in einem kleinen Töpfchen mit etwas kochendem Wasser aufgequirlt und durchgeseiht der Suppe usw. beigegeben.

11. Einmachen der Pilze in Essig.

Die zubereiteten Pilze (siehe auch S. 12) werden eine halbe Stunde gekocht, dann gießt man den Saft (für Pilzextrakt verwendbar) ab, gibt hinzu, auf sechs Liter frische Pilze berechnet, dreiviertel Liter Weinessig (nicht Sprit), Pfefferkörner, Piement (auch Nelkenpfeffer, Neugewürz genannt), Lorbeerblätter, Schalotten oder Perlzwiebeln und kocht das Ganze eine Viertelstunde. Nach erfolgter Abkühlung werden die Pilze in weithalsige Glasbüchsen gefüllt. Zur Auffüllung nimmt man nochmals Weinessig, mit eindrittel Wasser vermischt, kocht denselben auf und übergießt die Pilze so weit, daß sie vom Essig gut überdeckt werden.

Die nach diesem Rezepte vom Verfasser eingemachten Pilze haben auf verschiedenen Obstausstellungen erste Preise erhalten.

12. Einmachen der Pilze nach dem Sterilisierungsverfahren.

Kein Verfahren eignet sich so vorzüglich zum Konservieren der Pilze als das Sterilisieren. Hierbei behalten dieselben ihren schönen und eigenartigen, natürlichen Pilzgeschmack, sowie das jeder Sorte eigenartige Aroma. Fast alle „Gemüsepilze" lassen sich hierzu verwenden. Nachdem man die betreffenden Pilze in bekannter Weise gereinigt, d. h. geputzt hat, wobei selbstverständlich bei den älteren Röhrenpilzen, sowie bei den Stachelpilzen das Futter entfernt wird, bei den Blätterpilzen nur das Futter des Edelpilzes und bei anderen Arten älteres, fleckiges, werden sie in mittelgroße Stückchen geschnitten. Nun werden sie mit kaltem Wasser ein- bis zweimal schnell gewaschen, um nicht die Nährsalze auszulaugen, dann läßt man alles Wasser abtropfen oder schleudert es ab und bringt sie in einem Steingut- oder gut glasiertem Topfe aufs Feuer. Beim Ansetzen zum Kochen übersehe man nicht, eine kleine Portion doppeltkohlensaures Natron beizufügen, auch vergesse man die nötige Salzzugabe nicht.

Da die Pilze außerordentlich viel Wasser enthalten, werden sie ohne solches zugesetzt. Beim Erhitzen scheidet sich das Eigenwasser aus. In diesem eigenen Safte werden sie bis zum Kochen erhitzt, damit sie erst zusammenschwinden, denn sonst würden die Gläser zu wenig Pilze fassen. Hierauf werden die Pilze mit einem durchlochten Löffel herausgenommen und in die bereitgehaltenen gut gereinigten Gläser bis zum Halse gefüllt. Die Pilzbrühe selbst wird durch ein reines Flanelltuch filtriert und die durchgeseihte Brühe über die Pilze gegossen, so daß letztere von der Brühe überdeckt sind.

Etwas anders zu behandeln sind die Trichter- und Trompeten-Pfifferlinge, sowie der Habichtspilz und der echte Reizker. Diese Sorten werden nach dem Putzen mit kochendem Wasser gebrüht und gewaschen, denn erstere drei Sorten behalten sonst einen Erdgeruch und -geschmack, letztere Art eine unangenehme Bitterkeit. Ebenso müssen die sogenannten Stockmorcheln (*Gyromítra esculénta*) gebrüht werden, damit die darin enthaltene giftige Helvellasäure entfernt wird. Das Abbrühen muß aber schnell geschehen, d. h. es darf nur kurze Zeit dauern. Alle Morchelarten müssen schon des Sandes wegen öfters gewaschen werden.

Das Sterilisieren selbst muß insofern sehr vorsichtig geschehen, als man, vom Eintritt des Kochens an, das Wasser nur schwach wallen läßt; sprudelnd kochendes Wasser bewirkt jähes Aufsteigen der schleimigen Pilzbrühe, die zwischen Glasrand und Gummiring geratend, oft kleine Pilzteilchen mit fortreißt und ein dichtes Verschließen der Gläser hindert. Man bedarf zu einem ½- und ¾-Liter-Glas mindestens fünfviertel Stunden, bei Litergläsern anderthalb Stunden Sterilisierungszeit. In den nächsten Tagen sind die betreffenden Gläser auf Schluß zu prüfen. Heben sich die Deckel, so ist sofort wieder zu sterilisieren, sonst ist ein Verderben unausbleiblich.

Die Pilze können jedoch auch gleich speisefertig sterilisiert werden. Zu diesem Zwecke werden sie nach dem Kochen in üblicher Weise in Butter gebraten, so heiß als möglich in die Gläser gebracht und ziemlich dreiviertel Stunde sterilisiert. Jedes Befetten des Glasrandes und des Gummiringes muß aber peinlich vermieden werden.

Verschiedene Firmen, wie z. B. J. Weck, G. m. b. H., Öflingen i. Baden, liefern bestens bewährte, praktische Sterilisier-Einrichtungen. Ausführliche Anweisung über das Sterilisieren findet sich im „Merkbüchlein für das Sterilisieren der Früchte, des Gemüses und der Pilze“ im Selbstverlage des Verfassers Edm. Michael, Auerbach i. V. Erhältlich gegen Einsendung von 30 Pfennig in Briefmarken.

13. Trocknen der Pilze.

Das Trocknen der Pilze ist sehr einfach. Die abgeputzten und in Scheiben oder Stücke geschnittenen Pilze werden, ohne sie vorher zu waschen, entweder in der Sonne oder auf dem Ofen getrocknet.

14. Richtige Verwendung der einzelnen Sorten.

Nicht jeder Pilz eignet sich zur Suppe oder zum Einmachen in Essig usw., die einzelnen Sorten erfordern vielmehr auch eine verschiedenartige Verwendung. In den nachfolgenden Zeilen folgt daher eine Zusammenstellung über die zweckmäßige Verwertung der in diesem Handbuch vorkommenden eßbaren Pilze.

a) Suppenpilze:

Morcheln, Ziegenbärte, Stockschwämmchen, echter Reizker, echter Gelbling, Nelkenschwindling, Edelpilze (Champignons), sämtliche Röhrlinge.

b) Gemüsepilze:

Alle eßbaren Pilze.

c) Pilze zum Einmachen in Essig:

Steinpilz, echter Gelbling, Semmelporling, Schafporling, die eßbaren Täublinge, Wacholder-Milchling, Perlpilz, Ritterlinge.

d) Pilze zum Sterilisieren:

Alle eßbaren Pilze.

e) Gewürzpilz zur Bratenbrühe:

Lauch-Schwindling (Mousseron).

f) Pilze zum Trocknen:

Morcheln, Schafporling, großer Schirmling, Edelpilz (Champignon), Stockschwämmchen, Steinpilz, Maronen-Röhrling, Birken-Röhrling, Lauch-Schwindling, krauser Ziegenbart, Nelken-Schwindling, Schafeuter, Habichtspilz.

g) Pilze als Pilzpulver:

Alle unter f genannten Pilze. – In verschiedenen Gegenden und Ländern (z. B. in Böhmen) werden die scharf getrockneten Pilze zu Pulver gemahlen und entweder zu Suppen oder zum Bestreuen (Panieren) gebackener Fleischspeisen verwendet.

Wie schützt man sich vor Pilzvergiftungen?

Nichts steht der allgemeinen Verwertung der Pilze im Haushalte so hindernd entgegen als die Furcht vor einer Vergiftung durch die Pilze. Jeder Vergiftungsfall, der ja meistens die Runde durch die Tagesblätter macht, schreckt immer von neuem ab, sich mit den Pilzen abzugeben und sie als Kost auf den Tisch zu bringen. Dazu kommen noch die zur Pilzzeit in den Zeitungen und Zeitschriften zu lesenden Verhütungsmaßregeln, welche recht wissenschaftlich klingen, die zu merken aber niemandem einfällt und oft auch keinen Pfifferling wert sind. Wenn das Publikum solche offenbar von Unkundigen geschriebene Regeln liest, wonach fast alle Pilze giftig sind, verzichtet es lieber auf den Genuß der Pilze.

Um nur einiges von den vielen gutgemeinten, aber völlig falschen Regeln zu widerlegen, diene folgendes: Da heißt es: „Alle eigentlichen Blätterpilze sind zu meiden – ausgenommen der Edelpilz (Champignon), Gelbling (Gehling) und Kaiserling." Wäre dies richtig, so müßte man das Stockschwämmchen, den Hallimasch, den Pflaumenpilz, den Nelken-Schwindling, den Lauch-Schwindling, sämtliche eßbaren Täublinge, den Parasolpilz, die eßbaren Ritterlinge, und noch viele andere ausschließen. Weiter: „Alle Pilze mit Farbenveränderung beim Druck oder Zerschneiden taugen nichts!" Dann fort mit dem Rothäuptchen, dem Maronen-Röhrling, dem Sand-Röhrling, dem Kornblumen-Röhrling, dem guten Reizker, dem kahlen Krämpling usw.

Ferner: „Alle Pilze mit Milchsaft sind verdächtig!" Auch der Brätling, der gute Reizker, der filzige Milchling, der milde und süßliche Milchling? Endlich soll Geruch, Geschmack, Farbe des Hutes, glänzende oder klebrige Oberfläche usw. die Verdächtigkeit und Giftigkeit beweisen. Jeder Pilzkenner wird mit dem Verfasser die Veröffentlichung solcher der Unkenntnis entsprungenen Regeln lebhaft bedauern.

Ebensowenig können sogenannte Erkennungsmittel, die beim Kochen angewendet werden sollen, wie Hineinhalten eines silbernen Löffels, der beim Braunwerden die Giftigkeit anzeigen soll, Mitkochen von Zwiebeln usw. irgend etwas beweisen. Alles hier Empfohlene gehört zum Wahnglauben.

Um zu wissen, ob ein Pilz giftig ist oder nicht, gibt es nur ein Mittel: Lerne die Pilze so kennen, wie du die giftigen Früchte anderer Gewächse von den nicht giftigen zu unterscheiden weißt.

Sehr häufig findet man in Zeitungen, Pilzkochbüchern und Volks-Pilzbüchern den Rat erteilt, die Pilze abzukochen und dann das Kochwasser abzugießen. Neuerdings geschieht dies sehr häufig bei sogenannten verdächtigen oder bei zweifelhaft giftigen oder sonst bitteren, beißenden, unangenehm schmeckenden Pilzen, immer mit der Behauptung, daß dann die betreffenden Pilze ohne Sorge gegessen werden können, ja auch schon gegessen wurden. Wenn dies bei vielen Pilzen auch bestimmt zutrifft, so entwertet man aber die Pilze ihrer Nährstoffe und sie sind dann nur Magenfüllsel, weiter nichts. Wer damit zufrieden ist, kann es ja so machen. Der Verfasser hält davon nichts, selbst wenn dadurch eine Unschädlichmachung der sogenannten verdächtigen oder zweifelhaft giftigen Pilze eintritt. Etwas anderes ist das kurze Abbrühen unzerschnittener Pilze, wie der Morcheln.

Wenn man die in Deutschland veröffentlichten Vergiftungsfälle durch Pilze genauer auf ihre Ursachen prüft, d. h. untersucht, welche Pilze diese Vergiftungen hervorgerufen haben, so sind es nach eingeholten Erkundigungen und vielfachen Erfahrungen stets folgende Giftpilze: der Knollenblätterpilz, der Giftreizker, der Schwefelkopf, der Speitäubling und der Kartoffelbovist. Es können gewiß noch andere Pilze giftig wirken, die in den Pilzlehrbüchern bis jetzt noch als giftig bezeichnet sich vorfinden, es nach meiner 40jährigen Erfahrung aber nicht alle sind; so z. B. der graubraune Panther-Wulstling (*Amaníta umbrína*) und der Perl-Wulstling (*Amaníta pustuláta aut rubéscens*). Diese Pilze werden, nachdem man die Oberhaut entfernt hat, jetzt im Vogtlande und in einem großen Teile Sachsens als vorzügliche Speisepilze verwendet. Auf sämtlichen Pilzausstellungen hat sie der Verfasser als zu den wohlschmeckendsten Pilzen zählend bekannt gegeben und noch nie einen Fall von Vergiftung durch diese Pilze erfahren. In einem Teile des Vogtlandes und des Erzgebirges gehören sie sogar zu den gesuchtesten. Desgleichen hat er sie in Thüringen, Böhmen, der Lausitz usw. gesammelt und sich recht wohl schmecken lassen, ohne das geringste Übelbefinden zu spüren. Hierzu sei noch folgendes bemerkt:

Im Mai des Jahres 1896 wurden einige Vergiftungsfälle durch Stockmorcheln (*Gyromítra esculénta*) aus Berlin und Graßlitz in Böhmen gemeldet. In letzterem Orte waren zwei Familien, welche die Stockmorcheln bei ein und demselben Händler gekauft hatten, betroffen worden. Der Verfasser hatte Gelegenheit, die näheren Umstände von dem Familienvater der am schwersten betroffenen Familie persönlich zu erfahren. Die Erörterungen ergaben unzweifelhaft, daß unter den Stockmorcheln alte, bereits in Zersetzung übergegangene Exemplare sich befunden haben, welche die Vergiftung herbeiführten, denn beide Familien haben seit vielen Jahren stets frische Morcheln ohne die geringsten nachteiligen Folgen genossen. Daß nicht öfter derartige Vergiftungsfälle durch alte Morcheln vorkommen, ist fast wunderbar, denn bei des Verfassers mehrmaligen Besuchen der Markthalle einer Großstadt fand er neben frischen sehr viel verdorbene, in Zersetzung begriffene Stockmorcheln vor, die zum Verkauf bei billigeren Preisen ausgeboten wurden. Eine scharfe Aufsicht könnte für solche Fälle recht nützlich wirken und Unheil verhüten.

Die weitaus meisten Pilzvergiftungen kommen durch falsche Auswahl und Zubereitung vor, und zwar wenn erstens zu alte oder zu wässerige Pilze genommen, oder zweitens diese zulange aufbewahrt werden, ehe sie zur Verwendung kommen. Alle anerkannt guten und eßbaren Pilze können Erkrankungen und Vergiftungen herbeiführen, sobald sie alt verspeist werden, denn mit dem Alter tritt ein Verwesungszustand ein, der dem menschlichen Auge zwar nicht sichtbar ist, sich aber durch schwere Krankheitserscheinungen bemerkbar macht. Bei dem hohen Eiweißgehalte und ihrem überaus schwammigen und wässerigen Charakter werden die Pilze beim Älterwerden von mikroskopisch kleinen, sich während weniger Stunden ins riesenhafte vermehrenden Spaltpilzen durchsetzt und erzeugen dann die lebensgefährlichsten Magen- und Darmentzündungen. Auf eine gleiche oder ähnliche Zersetzung der Pilzfleischsubstanz mag es zurückzuführen sein, daß Pilze, sowie sie im Spätherbste durch Reife oder Fröste gelitten, nach dem Genuß nicht unbedenkliche Vergiftungserscheinungen hervorgerufen haben. So sind nach nur leicht gefrorenen Ritterlingen, Birkenpilzen, vor allem aber Steinpilzen mehr oder weniger schwere Erkrankungen beobachtet worden: Also Vorsicht nach eingetretenen Frösten!

Man beachte stets die Regel: „**Nimm nur gesunde und junge Pilze!**" Ganz besonders aber ist zu warnen vor dem zu langen und falschen Aufbewahren der Pilze. So wie man die Pilze eingesammelt hat, putze und reinige man sie. Ein Stehenlassen der Pilze bei Wärme oder in warmen Räumen bis zum nächsten Tag ist schon höchst gefährlich, ganz abgesehen davon, daß dieselben von den Pilzmaden während einer Nacht ganz gehörig zerfressen werden; man stelle sie deshalb kühl. Mancher Pilzfreund hat seine schönen, gesunden und madenfreien Pilze am anderen Tage größtenteils von Würmern zerfressen vorgefunden.

Was ist bei Pilzvergiftungen zu tun?

Bei den ersten Erscheinungen einer Vergiftung: Kratzen im Halse, Brennen, Drücken, Schmerzen des Magens mit Erbrechen, Auftreiben des Leibes, Taumeln, Schwindelanfälle, Durchfall, Magen- und Leibkrämpfe usw., suche man so schnell als möglich den Magen zu entleeren, nötigenfalls durch künstlichen Brechreiz, wie Finger in den Hals stecken, Kitzeln des Schlundes mit einer Feder; durch Klystiere mittels Irrigators entleere man die Därme und trinke sofort soviel als möglich Milch, Selterwasser oder nur kaltes Wasser, um den giftwirkenden Stoff der Pilze einzuhüllen und zu verdünnen. Mittel, wie Essig und Öl, die früher dagegen angewendet wurden, sind erfahrungsgemäß schädlich und unwirksam. Außerdem müssen so schnell als möglich Kompressen, d. h. mehrfach zusammengelegte Leinentücher (Mundtücher, Tischtücher usw.) in heißes Wasser getaucht, ausgedrückt, und so heiß, als es vertragen wird, auf Magen und Leib gelegt und mit einem wollenen Tuche überdeckt werden. Diese Umschläge müssen im Wechsel von 10 bis 15 Minuten erneuert und stundenlang fortgesetzt werden. Tritt tüchtiges Schwitzen hinzu, desto besser. Nach dem Schwitzen sind 26 Grad warme Halbbäder zu geben, d. h. der Erkrankte ist in eine Wanne zu setzen, nicht zu legen, und einige Minuten lang zu übergießen.

Vorstehendes Verfahren hat sich bei verschiedentlich vorgekommenen Pilzvergiftungen aufs beste bewährt. Selbstverständlich ist ein Arzt sofort herbeizuholen. Als medizinisches Gegengift wirkt vorzüglich Atropin, das unter die Haut gespritzt wird. Diese Einspritzung darf nur vom Arzte vorgenommen werden.

Was ist beim Sammeln der Pilze zu beachten?

Möge nun das Pilzsammeln einen praktischen oder wissenschaftlichen Zweck verfolgen, so hat man mancherlei zu beachten, soll der Erfolg zur Zufriedenheit ausfallen. Zum Sammeln der Pilze lasse man sich vor allem einen Koffer fertigen aus starker Pappe mit Segelleinwand überzogen, mit Ölfarbe angestrichen und so eingerichtet, daß der Deckel beim Sammeln abzuheben geht und unten über den Boden gesteckt werden kann. An den beiden Stirnseiten des Koffers müssen Lederösen befestigt werden, durch die ein um den ganzen Koffer gehender breiter Lederriemen gezogen werden kann, an dem man den Koffer trägt. Durch diesen Riemen wird der abgenommene Deckel gleichzeitig am Boden festgehalten. Der Pilzkoffer des Verfassers hat eine Länge von 55 cm, ist 23 cm breit und 22 cm hoch, innen sind zwei Abteilungen, eine kleinere, in welche zwei leere Zigarrenkistchen übereinander bequem hineingehen und die für die wissenschaftliche Ausbeute bestimmt ist, sowie eine größere, um die für die Küche gesammelten Pilze aufzunehmen. Als Messer erfüllt eine starke sogenannte Gärtnerhippe am vollkommensten den Zweck, da man mit derselben die Pilze sehr schnell aus der Erde ablösen und emporheben kann, auch die festangewachsenen Baumpilze, die Baumporlinge usw., bequem abzuschneiden imstande ist. Für wissenschaftliche Zwecke bedarf man zum Einhüllen zarter Pilze noch etwas Seidenpapier und neben den Zigarrenkistchen kleinere Pappkästchen. Mit dem oben beschriebenen Koffer kann man sich nicht nur überall zeigen, sondern es werden die Pilze auch sicher vor dem Zerdrücken und Zerquetschen bewahrt, was beim Sammeln in Pilznetzen und Pilzsäckchen nicht der Fall ist.

Neben dem „Wie ist zu sammeln" bleibt noch das „Wo" zu besprechen. Es ist durchaus nicht zu empfehlen, aufs Geratewohl in Wald und Flur zu gehen, sondern auch hierbei sind einige praktische Erfahrungen zu beachten. Zuerst ist die Lage eines Waldes ins Auge zu fassen. Hier sind in nur einigermaßen günstigen d. h. etwas feuchten Jahren die nach Süden und Westen gelegenen Teile und Abhänge bedeutend ertragreicher als die nach Norden oder Nordosten liegenden. Nur in ganz trockenen Jahren ist es umgekehrt der Fall. Sehr bald wird man ferner auch die Erfahrung machen, daß sehr viele Sorten ihren besonderen Standort behaupten, auf denen sie immer in reicher Auswahl zu finden sind. So haben Wiesen, Waldränder, Waldwiesen, moosig-grasige Stellen, Hochwälder, Stangenwaldungen, Gebüsche, Waldwege, Dickichte usw. ihren ziemlich bestimmten Bestand an eigenen Sorten und halten ihn oft jahrelang fest. Hat man sich einmal diese Standorte ordentlich gemerkt, so wird man beim Wiederbesuchen derselben selten umsonst gehen, man wird immer seinen Teil finden.

Durch diese sichere Kenntnis der Standorte ist der Verfasser in der Lage, binnen fünf bis sechs Stunden, also an einem Nachmittage, 80–100 Sorten Pilze in 4–500 Exemplaren für die Pilzausstellungen sammeln zu können.

Abbildungen und Beschreibung der Pilze

1. Spitz-Morchel. Eßbar.
Morchélla cónica Pers.

Der Hut ist kegelförmig, 3–5 cm breit, 4–10 cm hoch, nach oben geschlossen und an seinem Rande mit dem Stiele verwachsen. Das Innere der Morchel ist vom Stiele bis zur Hutspitze vollständig hohl, und die Wandungen sind kleienartig bestäubt. Die Oberfläche wird durch vielfach miteinander verbundene Rippen netzartig in kleine Gruben geteilt. Die Färbung ist grau-, gelb- oder dunkelbraun. Das Fleisch ist zart, zerbrechlich und sehr wohlschmeckend.

Der Stiel wird bis 5 cm lang, ist walzigrund und weiß.

Zeit: Die Morchel wächst vorzugsweise im Frühlinge nach warmem Regen, je nach der Witterung in den wärmeren Gegenden bereits von Ende März, in den höheren Lagen vom April bis Ende Mai, seltener findet man sie vereinzelt im Herbst.

Standort: Auf Waldwiesen, an Waldrändern und in Gärten, ganz besonders auch auf Abhängen der Tallagen, die lehmig-sandig und etwas kalkhaltig sind.

Wert: Als sehr beliebte Feinkost wird sie überall gesammelt und verkauft.

Alle Morchel- und Lorchelarten müssen sorgfältig bei der Zubereitung gewaschen werden, da sie viel Sand enthalten. (Siehe Seite 12 über Zubereitung der Pilze.)

---

2. Speise-Lorchel. Stock-Morchel. Eßbar.
Gyromítra esculénta Pers.

Der Hut ist sehr unregelmäßig, bis faustgroß, höckerig, grubig und mit wellenartig verlaufenden dicken Falten überzogen. Das Innere ist mit faltigen Hohlgängen durchzogen, weißgrau und feinfilzig. Die Farbe ändert sich von hellbraun bis dunkelbraun. Das Fleisch ist wachsartig, sehr zerbrechlich und nicht stärker wie dünnes Leder.

Der Stiel ist faltig, dick, kurz, zusammengedrückt, anfangs markig und weiß, später hohl und grau.

Zeit: Wächst ebenfalls im Frühling.

Standort: Vorzugsweise in sandigen Nadelwäldern, auf alten Meilerstätten und alten Brandstellen.

Wert: Derselbe ist gleich dem der Spitz-Morchel, nur ergiebiger. Von allen Morchel- und Lorchelarten kommt sie in erster Linie als „getrocknete Morchel“ in den Handel.

1. Spitz-Morchel. Eßbar.
Morchélla cónica Pers.

2. Speise-Lorchel. Stock-Morchel. Eßbar.
Gyromítra esculénta Pers.

---

3. Speise-Morchel. Eßbar.
Morchélla esculénta L.

Der Hut besitzt eine rundlich-eiförmige, bei einer Abart fast kegelförmige Gestalt und ist mit zellenartigen Gruben bedeckt, deren Wandungen sich als Längs- oder Querfalten oder Rippen netzartig über den Hut ausbreiten. Diese zellenartigen Gruben sind ziemlich tief. Der Hut selbst hat einen Längsdurchschnitt von 7–12 cm und eine Breite von 5–8 cm.

Das Hutfleisch ist ziemlich brüchig und auf der Innenseite rein weiß, feinfilzig und kleiig, bei älteren Exemplaren leicht rosa angehaucht. Die Farbe des Hutes wechselt von hell-ockerfarbig bis tiefbraun mit im Alter schwärzlichen Rippenrändern.

Der 4–10 cm hohe Stiel ist weiß, später hellgelblich, oft dick, wie aufgeblasen, mit kurzen Falten oder unregelmäßigen Erhöhungen versehen und mit kleieartigen, feinen Körnchen behaftet.

Zeit: Wächst in der Ebene bereits im April, im Gebirge erst im Mai. Anfangs Juni ist sie selten zu finden, kommt überhaupt nicht sehr häufig vor.

Standort: In lichten Wäldern, Gebüschen, Schluchten und auf Grasplätzen. Man findet sie mehr auf lehmigem als auf sandigem Boden.

Wert: Als Speise-Morchel ist sie sehr geschätzt und steht unstreitig als feinstschmeckende aller Morcheln obenan.

---

4. **Goldgelber Ziegenbart.** Eßbar.

Clavariélla aúrea Schaeff.

Der Fruchtkörper wird bis 15 cm hoch. Der Strunk ist dick und teilt sich schon von unten an in weißfleischige, derbe Äste, die weißlich-gelb, nach oben gerade aufstrebend, vollständig rund mit hellgoldgelber Farbe in meist zweiteilige, stumpfe Spitzchen endigen.

Zeit: Wird vom Juli bis Oktober gefunden.

Standort: Wächst vereinzelt oder truppweise vornehmlich in Nadelwäldern.

Wert: Sehr wohlschmeckend, jedoch nur im Jugendzustande, denn mit dem Alter wird dieser Pilz, wie fast alle Ziegenbärte, bitter und ungenießbar.

3. Speise-Morchel. Eßbar.
Morchélla esculénta L.

4. Goldgelber Ziegenbart. Eßbar.
Clavariélla aúrea Schaeff.

---

5. Trauben-Ziegenbart. Rötlicher Ziegenbart. Eßbar.
Clavária botrytes Pers.

Dieser Pilz wird hier und da noch mit den Namen Traubenbärentatze, rötliche Bärentatze, roter Hirschschwamm, Korallenschwamm, Hahnenkamm- oder Blumenkohlschwamm bezeichnet. Er hat einen dicken Strunk, der mitunter sehr dick und knollig ist.

Das weiße Fleisch ist sehr derb.

Die aus dem Strunke emporsteigenden Äste und Zweige verzweigen sich nach verschiedenen Seiten, sind gerade oder gekrümmt, ziemlich rund und fleischig. Die kurz abgestutzten Enden der Ästchen sind rötlich. Er wird bis 12 cm hoch und mitunter bis 16 cm breit.

Zeit und Standort: Wächst im Herbste auf sandigem Boden der Nadelwälder und in Laubholzwaldungen.

Wert: Im Jugendzustande und so lange er nicht bitter schmeckt, ist er eßbar und wohlschmeckend, in älterem Zustande verursacht er aber heftiges Leibweh und Durchfall.

---

6. Gelber Ziegenbart. Eßbar.
Clavária flava Schaeff.

Dieser Pilz, der im Volksmunde Bärentatze, Bocksbart, Hahnenkamm genannt wird, besitzt einen weißgelblichen, knolligen, dicken, aufrechten Strunk, aus dem eine Anzahl walziger Äste emporsteigen, die sich wieder in mehrere kleinere Zweige teilen. Die kleinen Äste endigen in eine meist zweiteilige stumpfe Spitze.

Das besonders in der Jugend sehr zarte Fleisch des Strunkes ist weiß und dicht, das der Äste sehr brüchig.

Die Höhe des Ziegenbartes beträgt gewöhnlich 4–12 cm.

Der Geruch ist schwach, nicht unangenehm, der Geschmack meist etwas bitterlich, besonders bei älteren Exemplaren.

Zeit und Standort: Wie bei voriger Art.

5. Trauben-Ziegenbart. Rötlicher Ziegenbart. Eßbar.
Clavária botrytes Pers.

6. Gelber Ziegenbart. Eßbar.
Claváriaflava Schaeff.

---

7. Krauser Ziegenbart. Krause Glucke. Eßbar.
Sparássis ramósa Schaeff.

Dieser eigenartige Pilz besteht aus außergewöhnlich zahlreichen gelblich-weißen, über- und nebeneinander sich drängenden, arabeskenartigen Blättern, die auf der Ober- und Unterseite platt und eben sind. Das Fleisch ist weiß. Er bildet oft riesige Köpfe und wird mitunter bis zu 15 Pfund schwer.

Der Strunk ist fleischig, dick und kommt tief aus der Erde heraus.

Der Geruch ist äußerst würzig, morchelartig duftend.

Der Geschmack ist nußartig.

Zeit: Wächst vom August bis Ende September.

Standort: Besonders in Kiefernwaldungen, wo er oft dicht an den Stämmen der Bäume zu finden ist.

Wert: Frisch und getrocknet gehört er zu unseren vorzüglichsten und wertvollsten Speisepilzen. Leider wird er bald zähe und kann dann nur in getrocknetem Zustande verwendet werden. Die getrockneten Pilze geben abgekocht der Fleischbrühe einen trefflichen Geschmack.

---

8. Lauch-Schwindling. Knoblauchpilz, Dürrbehndel, Echter Mousseron. Eßbar.

Marásmius alliátus Schaeff.

Schwindlinge werden diejenigen Pilzarten genannt, die hauptsächlich nur nach Regentagen zu finden sind, bei Sonnenschein aber schnell vertrocknen, verschwinden.

Der dünnfleischige zähe Hut des Lauch-Schwindlings ist anfangs flach gewölbt, später etwas verbogen ausgebreitet, weißlich-gelb, fleischfarbig oder hellbräunlich. Bei sonnigem Stande und trockenem Wetter runzelt er schnell zusammen und wird weißlich. Der Hut wird 1–3 cm breit.

Die Blätter stehen mäßig dick, sind kraus und weiß.

Der zähe, röhrige und glatte Stiel, 2–4 cm lang, ist glänzend, nach unten dunkel-rotbraun bis schwärzlich, nach oben heller.

Geruch und Geschmack sind stark knoblauchartig.

Zeit: Wächst bereits im Juni und ist bis zum Oktober zu finden.

Standort: Auf Heideplätzen, an Waldrändern und an alten Baumwurzeln, besonders auch auf Holzschlägen. Von vielen Pilzsammlern wird gewöhnlich ein anderer Schwindling, der eßbare, aber nicht schmackhafte Nadel- oder durchbohrende Schwindling (*Marásmius perforans Hoffm.*) als guter Lauch-Schwindling angesehen. Dieser wächst in Nadelwaldungen oft zu tausenden, wie gesät auf den Nadeln, aber er hat nicht den Lauchgeruch, sondern einen andern scharfen, fast unangenehmen.

Wert: Als Zusatz zu Braten, zumal Hammelbraten, ist er sehr geschätzt und wird hier und da getrocknet zum Verkauf gebracht. Früher versorgten die unternehmenden Franzosen die größeren Feinkostgeschäfte in Deutschland mit ihren geschmackvoll hergestellten Paketchen, die gewöhnlich eine Mark kosteten, während der Pilz bei uns ohne Mühe nach starkem Gewitterregen tausendweise gesammelt werden könnte.

7. Krauser Ziegenbart. Krause Glucke. Eßbar.
Sparássis ramósa Schaeff.

8. Lauch-Schwindling. Knoblauchpilz, Dürrbehndel, Echter Mousseron. Eßbar.
Marásmius alliátus Schaeff.

9. **Nelken-Schwindling.** Eßbar.

Marásmius caryophylleus Schaeff.

Der dünnfleischige Hut ist etwas zähe, anfangs kegelförmig, später etwas ausgebreitet und gebuckelt. Er erlangt einen Durchmesser von 2–5 cm. Die Oberfläche ist glatt, trocken ledergelb oder hellbräunlich, nach dem Rande zu öfters schwach wässerig gezont, besonders bei feuchtem Wetter. Der Rand ist anfangs eingebogen, später gestreift.

Der Stiel ist voll, knorpelartig hart, bis 12 cm hoch, gefärbt wie der Hut und mit einem ganz feinen weißlichen Filze überzogen.

Der Geruch ist stark würzig, nelkenartig, der Geschmack höchst angenehm.

Zeit: Wächst das ganze Jahr hindurch, schon vom Mai bis zum Winter.

Standort: Auf Wiesen, vorzugsweise aber auf Feldwegen und grasigen Feldrändern. Hier wächst er häufig in dichten Trupps kreisförmig, deshalb in verschiedenen Gegenden Kreisling, Krösling genannt.

Wert: Wegen seines lieblichen, würzigen Wohlgeschmackes zählt er zu den feinsten Suppenpilzen. Getrocknet schrumpft er außerordentlich zusammen.

9. Nelken-Schwindling. Eßbar.
Marásmius caryophylleus Schaeff.

10. Echter Gelbling. Gehling, Pfifferling, Eierpilz. Eßbar.

Canthaféllus cibárius Fr.

Der Hut ist im Jugendzustande gewölbt, später ausgebreitet mit eingerolltem Rande und zuletzt trichterförmig, kraus und gelappt, im Durchmesser 1–8 cm. Die Farbe ist dottergelb, nach der Mitte zu meist hellgelb; das Fleisch ist gelblich. Hier und da kommt er weißlich, mitunter fast ganz weiß als seltene Abart vor. In mitteldeutschen Wäldern konnte der Verfasser außerdem zwei Jahre hintereinander sogar hellrosenrote Pfifferlinge an ein und demselben Standorte finden.

Das Fruchtlager an der Unterseite des Hutes läuft faltenförmig an dem Stiele herab, ist adernförmig und durch Querfalten mit einander reich verästelt.

Der Stiel erweitert sich nach oben trichterförmig und ist voll und fest.

Der Geruch ist sehr angenehm, der Geschmack pfefferartig.

Zeit: Wächst oft schon im Juni und findet sich bis zum Herbste in großen Mengen.

Standort: Fast überall, besonders im Dickicht der Nadelwaldungen, moosigen Stellen, sowie in Laubwaldungen.

Wert: Als einer unserer vorzüglichsten und am häufigsten vorkommenden Speisepilze eignet er sich für alle Zubereitungsarten; getrocknet muß er mindestens zwölf Stunden vor der Zubereitung in Wasser erweicht werden, sonst ist er etwas zäh. Er hält sich von allen Pilzen am längsten frisch, ist fast gar nicht madig und verursacht wenig Arbeit beim Reinigen. **Eine Verwechselung dieses allbekannten Pilzes kann höchstens mit dem sogenannten „Falschen Gelbling oder Pfifferling" stattfinden**, der aber viel dünnfleischiger ist, einen schwachen Stiel und orangerötliche Blätter besitzt, wenig Geschmack hat und nur in großen Mengen genossen etwas Leibschmerzen verursachen soll.

10. Echter Gelbling. Gehling, Pfifferling, Eierpilz. Eßbar.
Cantharéllus cibárius Fr.

---

11. Stein-Röhrling. Steinpilz, Herrenpilz. Eßbar.

Bolétus edúlis Bull.

Der Hut des jungen, halb in der Erde sitzenden Pilzes ist halbkugelig, später polsterförmig und wird 10–30 cm breit. Bei alten Exemplaren wendet sich der Rand etwas nach oben. Die Farbe des Hutes ist anfangs weißlich, weißlichgelb, später gelbbraun bis dunkelbraun. Je nach dem Standorte ändert sich die Farbe, indem bei sonnigem Stande die dunkle, bei schattigem und feuchtem die hellere Färbung hervortritt. Das Fleisch ist weiß und ändert sich nicht, bei alten Exemplaren färbt es sich jedoch unter der Oberhaut etwas rötlich.

Die Röhren auf der Unterseite des Hutes sind zuerst stets weiß, später gelblich und werden im Alter grünlich. Sie sind nicht angewachsen und lösen sich leicht vom Fleische.

Der Stiel ist im Jugendzustande immer knollig verdickt, streckt sich später walzenförmig und ist durchweg weichfleischig. Die Farbe des Stieles ist hellbräunlich, häufig fein genetzt, in ausgewachsenem Zustande mit langmaschiger Zeichnung.

Der Geruch ist angenehm, der Geschmack nußartig.

Zeit: Bei günstiger Witterung bereits von Ende Mai ab, häufiger im Sommer bis zum Herbste.

Standort: In Laub- und Nadelwäldern, besonders in Kieferwaldungen, vorzugsweise auf Waldwiesen und an grasigen Waldrändern.

Wert: Der Steinpilz ist der bekannteste und wohlschmeckendste aller Pilze, ebenso fein als Suppen- wie als Gemüsepilz, läßt sich auf jede Art einmachen und sehr gut trocknen.

Sehr oft wird mit dem Steinpilze der nicht giftige, aber ungenießbare Gallen-Röhrling verwechselt. Die Röhren des Gallen-Röhrlings nehmen jedoch sehr bald eine zartrötliche Färbung an; das Futter ist auch voller, fast schaumartig und oft nach unten gewölbt. Ganz besonders gekennzeichnet ist der Stiel dieses Pilzes, denn er ist schon von Jugend an grubig genetzt und das Netz hat eine grünlich-gelbbraune Färbung. Der Geschmack ist außerordentlich bitter; ein einziger Pilz kann ein ganzes Pilzgericht verderben.

11. Stein-Röhrling. Steinpilz, Herrenpilz. Eßbar.
Bolétus edúlis Bull.

---

12. Maronen-Röhrling. Eßbar.
Auch unter dem Namen „Tannenpilz“ bekannt.
Bolétus bádius Fr.

Der Hut, anfangs halbkugelig gewölbt, später ausgebreitet, hat eine glatte, bei feuchtem Wetter klebrige, bei trocknem Wetter glänzende kastanienbraune Oberhaut und einen Durchmesser von 6–12 cm.

Das weiße Fleisch, im Alter etwas gelblich, wird beim Bruche nach den Röhren zu schwach blau, nach der Oberseite etwas rötlich.

Der Stiel selbst ist von fast gleicher Farbe wie der Hut, gleich dick, mitunter gekrümmt.

Der Geruch ist frisch obstartig, der Geschmack angenehm.

Kennzeichnende Merkmale: Die kleinmündigen schmutziggelben Röhren werden beim Drucke grün und sind am Stiele buchtig angewachsen.

Zeit: Im Sommer und im Herbst, in einzelnen Gegenden ziemlich häufig zu finden.

Standort: In Nadel- und Laubwäldern. In Nadelwäldern bevorzugt er die älteren Stämme, in deren Nähe er sehr häufig ringsum in Gesellschaft wächst.

Wert: Er gehört zu den wohlschmeckenden Pilzen. Das Sichverfärben des Fleisches ist kein Anzeichen für irgend eine Schädlichkeit (siehe Vorbemerkungen).

12. Maronen-Röhrling. Eßbar.
Bolétus bádius Fr.

13. Rothaut-Röhrling. Eßbar.

Bolétus rufus Schaeff.

Der Hut ist fast stets trocken, etwas feinfilzig und wird nur bei sehr nassem Wetter schmierig. Der Durchmesser desselben kann von 5–20 cm, ja bis über 30 cm steigen. Die rotbraune, oft ins orangefarbige gehende Oberhaut ist immer nach dem Futter zu eingeschlagen, bei jungen Pilzen dicht an den Stiel gedrückt. Dieses Merkmal unterscheidet ihn vom rotbraunen Birkenpilze. Das Fleisch wird außerdem nach dem Bruche oder Anschneiden violett, dann bläulich-schwarz.

Die Röhren sind schmutzig-weiß mit grauen Mündungen.

Der Stiel ist markig, nach oben schwächer werdend und mit grauen oder schwärzlichen Schüppchen flockig bekleidet.

Geruch und Geschmack sind angenehm.

Zeit: Vom Sommer bis Spätherbst.

Standort: Diesen teilt er mit dem Birken-Röhrling, er findet sich jedoch auch in Nadelwaldungen und auf Heideplätzen, mitunter massenhaft. In feuchten Pilzjahren kommen manchmal ungewöhnliche Größen vor.

Wert: Wegen seines häufigen Vorkommens und seines Wohlgeschmackes ein sehr bekannter und beachteter Pilz. Während er als Suppen- und Gemüsepilz vorzüglich ist, eignet er sich zum Trocknen und Einmachen weniger, da er stets eine schwärzliche Färbung annimmt.

13. Rothaut-Röhrling. Eßbar.
Bolétus rufus Schaeff.

---

14. Birken-Röhrling. Birkenpilz, Kapuzinerpilz. Eßbar.
Bolétus scaber Bull.

Der Hut ist bei feuchtem Wetter und in den frühen Morgenstunden mehr oder weniger schleimig, glatt und in der Farbe veränderlich. Bald ist er hellbräunlich, bald rotbräunlich, ja auch grau oder dunkelbraun bis schwärzlich. Von der dunkleren Färbung dürfte er wohl auch den Namen Kapuzinerpilz haben. Der Hut ist gewölbt, polsterartig und wird 12–18 cm breit. Das Fleisch ist weiß und verändert sich nicht.

Die Röhrenschicht mit kleinen feinen Mündungen ist im Anfange weiß, wird später aber grau.

Der Stiel ist schlank, verhältnismäßig schwach, flockig-schuppig und oft in der Mitte etwas bauchig. Im Jugendzustande ist das Fleisch desselben weich und brüchig, wird im Alter aber faserig und zäh.

Der Geschmack ist angenehm, aber etwas weichlich.

Zeit: Im Spätsommer und Herbste.

Standort: In lichten Laubwaldungen und Gebüschen. Wo Birken stehen, ist er fast unfehlbar zu finden.

Wert: Guter Speisepilz, nur etwas weich. Verwertung dieselbe wie beim Stein-Röhrling (Abb. 11).

14. Birken-Röhrling. Birkenpilz, Kapuzinerpilz. Eßbar.
Bolétus scaber Bull.

---

15. Sand-Röhrling. Sandpilz. Eßbar.

Bolétus variegátus Sw.

Der Hut, anfangs halbkugelförmig gewölbt, hat einen scharf eingerollten Rand, ist bräunlichgelb und mit büschelig-haarigen kleinen Flocken besetzt, die im Alter und nach Regenwetter verschwinden. Der Durchmesser beträgt 5–15 cm. Die Oberfläche ist trocken, bei Regenwetter jedoch etwas schleimig. Das Fleisch ist gelblich-weiß und läuft beim Zerschneiden mehr oder weniger bläulich an.

Die Röhren sind sehr kurz, haben eine enge Mündung und sind schmutzig-gelblich, bräunlich oder auch olivgrün.

Der Stiel ist gleichmäßig dick, wird selten über 5 cm lang und ist in der Farbe etwas heller als der Hut.

Der Geruch ist eigentümlich scharf, nicht unangenehm, der Geschmack mild.

Zeit: Im Sommer und Herbste.

Standort: In Nadelwäldern und vorzugsweise in solchen mit sandigem Boden.

Wert: Obwohl nicht zu den besseren Speisepilzen zählend, schmeckt er doch ganz gut. Wegen seines häufigen Vorkommens ist er ganz besonders zur Herstellung von Pilzextrakt geeignet, läßt sich aber nicht gut trocknen.

15. Sand-Röhrling. Sandpilz. Eßbar.
Bolétus variegátus Sw.

16. **Filz-Röhrling. Ziegenlippe.** Eßbar.

Bolétus subtomentósus L.

Der Hut ist stets kurzfilzig und von graugelblicher bis grüngelblicher Färbung, mitunter auch graubraun, hat aber immer einen olivgrünen Schein. Der Durchmesser des Hutes beträgt 5–13 cm. Im Alter, besonders bei trockenem Wetter, zerreißt sehr oft die Oberhaut und es bilden sich Felder. Bei Verletzung der Oberhaut werden die Wunden je nach der Witterung kirschrot oder gelb. Das Fleisch ist derb und blaßgelb, wird aber beim Bruche mitunter etwas bläulich. Ganz besonders zeichnet er sich aus durch die Röhren, welche bei jungen Exemplaren schön zitronengelb, bei älteren Exemplaren schmutziggelb sind. Sie haben sehr weite und eckige Mündungen, derart angeordnet, daß kleinere mit größeren, engere mit weiteren vermischt sind.

Der Stiel ist meist rötlichbraun angelaufen und verhältnismäßig dünn und schlank.

Der Geruch ist säuerlich obstartig, der Geschmack sehr schwach.

Zeit: Im Sommer und Herbst.

Standort: Vorzugsweise in Nadelwäldern, besonders auf grasig-moosigen Plätzen, sowie auf lehmigen Böschungen der Hohlwege im Walde. Er kommt meist einzeln vor.

Wert: Er gehört unstreitig zu den wohlschmeckenden Pilzen und kann verschiedenartige Verwendung finden, nur taugt er nicht viel zum Trocknen.

16. Filz-Röhrling. Ziegenlippe. Eßbar.
Bolétus subtomentósus L.

---

17. Butter-Röhrling. Ringpilz. Eßbar.
Bolétus lúteus L.

Der Hut ist bei feuchtem Wetter und am Morgen außerordentlich schmierig und schleimig, bei trockenem Wetter glänzend, gelblich, gelbbraun oder dunkelgelbbraun, nie rötlich. Der Durchmesser beträgt 4–13 cm. Im Jugendzustande ist der Rand des Hutes stets mit dem Stiele durch einen weißen Schleier verbunden, der bei der Vollentwickelung als bläulich-schwarzer hängender Ring am Stiele zurückbleibt. Die Oberhaut ist leicht abziehbar. Das Fleisch ist gelblich-weiß und unveränderlich.

Die hellgelb aussehenden Röhren sind mit dem Stiele verwachsen, aber nicht mit dem Hutfleische.

Der Stiel ist zylindrisch und wird bis 10 cm hoch. Er ist weißlich, fleischig voll und trägt ziemlich lange den schließlich verschwindenden Ring. Oberhalb desselben finden sich bräunliche, flockige Punkte.

Geruch und Geschmack sind obstartig säuerlich.

Zeit: Im Sommer und Herbste.

Standort: Ganz besonders auf grasigen Waldwegen, Waldwiesen und Waldrändern, zwischen Moos und Gras, und in jungen bis mannshohen Fichtenanpflanzungen.

Wert: Wird leider hier und da wegen seines schleimigen Hutes nicht so beachtet wie er es verdient. Da die Oberhaut fast mit einem Male abziehbar ist, ist er leicht zu putzen. Er gehört unstreitig zu unseren besten Speisepilzen, läßt sich aber nicht trocknen.

17. Butter-Röhrling. Ringpilz. Eßbar.
Bolétus lúteus L.

---

18. Feld-Edelpilz. Feld-Champignon. Eßbar.

Psallióta campéstris L.

Der Hut kommt fast kugelförmig aus der Erde, wird halbkugelig und breitet sich dann flach gewölbt aus. Die Farbe ist weiß oder bräunlich, seidenhaarig, flockig und kleinschuppig. Einzelne Pilze werden bis 15 cm breit. (Bei den Pilzausstellungen des Verfassers kamen sogar öfters solche von über 30 cm Hutdurchmesser und 30 cm Stielhöhe zur Darstellung.) Das Fleisch ist dick, massig und weiß, bei Verletzung wird es oft rötlich.

Die anfangs rosaroten, später schokoladenbraun werdenden Blätter kennzeichnen den Feld-Edelpilz ganz vorzüglich und sind das beste und untrüglichste Erkennungszeichen für den guten Edelpilz.

Leider wird dieser herrliche Pilz öfters mit dem giftigsten unserer Pilze, dem Gelblichen Gift-Wulstling (Knollenblätterpilz), verwechselt (vergl. nächste Abbildung, Nr. 19). **Der Feld-Edelpilz hat aber am unteren Ende des Stieles keine Knollen wie der Gift-Wulstling.**

Der Stiel ist voll, weiß und trägt in der Mitte einen dicken weißen häutigen Ring oder Manschette. Er wird mitunter bis 8 cm hoch.

Geruch und Geschmack sind ganz vorzüglich.

Zeit: Ganz besonders gedeiht er in trockenen Jahren nach einem Regen auf mit Pferdedünger oder Jauche gedüngten Wiesen mitunter schon Ende Juni, dann im Hochsommer und Herbste.

Standort: Er wächst auf Wiesen, Feldrainen und Wegerändern.

Wert: Unstreitig der im Geschmacke beste Pilz, weshalb er auch überall gezüchtet wird. Er läßt sich sehr gut züchten, siehe Abhandlung über Züchtung der Pilze.

Seine Verwendbarkeit ist eine außerordentlich vielseitige.

18. Feld-Edelpilz. Feld-Champignon. Eßbar.
Psallióta campéstris L.

19. Gelblicher Gift-Wulstling. Gelblicher Knollenblätterpilz. Sehr giftig!

Amaníta bulbósa Bull.

Der Hut ist anfangs fast immer gelblich-grün, später weißlich bis weiß werdend, meist mit den weißlichen Fetzen der früheren Hülle bedeckt, 5–8 cm breit. Diese älteren Knollenblätterpilze mit den mehr weißen Hüten geben einzig und allein die Veranlassung zur Verwechslung mit dem Edelpilze (Champignon). Dieser Edelpilz hat aber im Jugendzustande rosafarbiges, später schokoladenbraunes Futter. Es wird leider viel zu viel Wert auf die Farbe des Hutes statt auf die Blätter gelegt.

Eine ebenso giftige Abart *A. Mappa Batsch* hat eine durchweg gelbe Färbung des Hutes mit weißen Pusteln.

Eine weitere, auch giftige Art, der grüne Knollenblätterpilz (*Am. phalloídes Fr.*), führt seltener zu Verwechselungen, da er durch seine ausgeprägte Grünfärbung von selbst warnt. Dieser grüne Knollenblätterpilz kommt aber viel seltener vor.

Das Fleisch des Gift-Wulstlings ist weiß, ebenso die Blätter.

Der Stiel ist schlank, anfangs markig, später an der Spitze hohl, weiß und mit einer gelblichweißen Manschette versehen. **Das untrüglichste Kennzeichen dieses Giftpilzes ist die ausgeprägte runde Knolle am Fuße des Stieles. Diese Knolle ist mit einer häutigen Scheibe umgeben.**

Geruch und Geschmack sind durchaus nicht unangenehm, der Geschmack sogar mild und erinnert an grüne Kartoffeln.

Zeit: Vom Sommer bis zum Herbste.

Standort: Seinen Standort hat er in Wäldern und Gebüschen, meist truppweise.

Wert: Wohl kein Pilz ist so giftig wie dieser; er ist um so gefährlicher, weil die Wirkung des Giftes erst nach 12–16 Stunden eintritt.

19. Gelblicher Gift-Wulstling. Gelblicher Knollenblätterpilz. Sehr giftig!

Amaníta bulbósa Bull.

---

20. Perlen-Wulstling. Perlpilz. Eßbar.

Amaníta pustuláta Schaeff. (A. rubéscens Pers.)

Im Volksmunde der hellrote Fliegenpilz genannt, besitzt er einen schmutzig-rötlichen, blaß-fleischfarbigen, braunrötlichen oder bräunlichen Hut, der mehr oder weniger mit Pusteln besetzt ist, ähnlich wie der Fliegenpilz. Unter der leicht abziehbaren Oberhaut zeigt sich das Fleisch blaßrötlich, ist aber im Innern weiß.

Die Blätter sind anfangs weiß, erst im Alter etwas rötlich und dicht stehend.

Der ganz besonders in der Jugend kegelförmige, ebenfalls rötlich angehauchte Stiel streckt sich später ziemlich gleichmäßig schlank und walzig. Vom Hute laufen bis ans Ende der Manschette feine Striche. Der Fuß des Stieles läuft in einen mit Schuppen und Warzen bedeckten Knollen aus.

Der Geruch ist schwach, der Geschmack anfangs mild, später etwas kratzend.

Zeit: Ziemlich früh und ist im Herbste seltener zu finden.

Standort: Vorzugsweise in hohem Stangenwalde, sowie in wenig begrasten Gebüschen.

Wert: Nach dem Abziehen der Oberhaut bildet er einen vorzüglichen Speisepilz (siehe „Wie schützt man sich vor Pilzvergiftungen“, S. 19). Zum Trocknen eignet er sich nicht, wohl aber zum Gemüse und Einmachen und besonders zum Bereiten von Pilzextrakt (siehe S. 15).

In verschiedenen Fällen ist der Perlen-Wulstling mit dem so giftigen Königsfliegenpilz verwechselt worden. Dieser hat aber stets die reine ledergelbliche oder dunkelrotbraune, also keine fleischfarbig-rötliche Oberhaut. Auch zeigt der Königsfliegenpilz unter der Oberhaut die gelbrote Farbe des Fleisches wie der Fliegenpilz, während die des Perlpilzes fleischrot ist. Man vergleiche nur scharf die Abbildungen (siehe auch Abb. 21) und die Beschreibungen.

20. Perlen-Wulstling. Perlpilz. Eßbar.
Amaníta pustuláta Schaeff. (A. rubéscens Pers.)

21. Königs-Fliegenpilz. Sehr giftig!

Amaníta regális Fr.

Der anfangs kugelige Hut wird später flach, sich mitunter etwas nach der Mitte vertiefend. Er wird bis 20 cm breit. Die Oberhaut ist anfangs dunkelrotbraun, später leberbraun und bei alten Pilzen mit fast silbergrauem Hauche überzogen. Die den Hut bedeckenden Flocken sind gelblichweiß oder weiß, mehr oder weniger dicht aufliegend. Der Rand ist gestreift. Beim Durchschnitt zeigt das Fleisch nach der Oberhaut einen rotbraunen Rand und ist nach den Lamellen hin bräunlichgelb gefärbt. Die Blätter sind weiß.

Der Stiel ist anfangs voll, später hohl und hat gelbliches Fleisch. Er besitzt am Grunde einen fast rundlichen Knollen mit einer ziemlich lose sitzenden Hülle, die sehr regelmäßig in einzelne Ringe sich trennt, so daß man oft mehrere solcher Ringe deutlich zählen kann. Diese Hülle ist fast ockergelb, wie denn auch der Stiel vom Fuße bis zur Hülle eine gelbe Farbe besitzt. Der unregelmäßig gestaltete häutige Ring ist am Rande ebenfalls gelb.

Der Geruch ist gering, der Geschmack unangenehm.

Zeit: Im Sommer und ist bis zum Herbste zu finden. Dieser Pilz kommt nicht sehr häufig vor.

Standort: Im Nadelwalde vorzugsweise an Waldrändern, auch in Gebüschen.

Wert: Nach den Erfahrungen des Verfassers **gehört er mit zu den giftigsten Pilzen, denn verschiedene Vergiftungen endeten mit dem Tode. Es ist daher vor diesem Pilze ganz besonders zu warnen, da er nachweisbar mit dem Perlen-Wulstling (Abb. 20) verwechselt wurde.** Dieser jedoch und der eßbare Pantherpilz sind vom Hute bis mit dem herabhängenden Ringe gestrichelt, der Königs-Fliegenpilz aber ist glatt.

21. Königs-Fliegenpilz. Sehr giftig!
Amanita regális Fr.

---

22. Großer Schirmling. Eßbar.
Lepióta procéra Scop.

Der Hut erscheint anfangs wie ein Paukenschlägel und breitet sich dann schirmdachförmig aus. Dabei platzt die graubraune dürre Oberhaut und bildet braune dachziegelförmig liegende Schuppen, nach der Mitte in einen dunkelbraunen Buckel übergehend. Das Fleisch ist im Jugendzustande weich, später aber zäh und dürr. Dieser Pilz gehört zu den stattlichsten, denn sein Hut wird bis 25, ja 30 cm breit.

Die Blätter sind breit, weiß, weich, stehen dicht und ganz frei vom Stiele.

Der röhrig-hohle Stiel, mitunter 15–30 cm hoch, prächtig braungefleckt, ist nach aufwärts etwas verdünnt und am Grunde knollig verdickt. Außerdem trägt er einen dicken, lederartigen und verschiebbaren Ring.

Der Geruch ist angenehm und das Fleisch hat einen süßen Geschmack.

Zeit: In den Monaten August bis Oktober.

Standort: Auf lichten Waldstellen, Grasplätzen und an Waldrändern.

Wert: Im Jugendzustande wohlschmeckend, verliert er im Alter den Geschmack und ist dann zäh.

Er kann leicht verwechselt werden mit einer ihm ähnlichen Art, dem ebenfalls eßbaren Safran-Schirmling, *Lepióta rhacótes Vitt*, dessen Hut fast ebenso geschuppt, aber etwas kleiner im Durchmesser ist. Dieser Pilz zeigt aber beim Durchschneiden oder bei Verletzung zuerst orangefarbiges, dann safranfarbiges oder blutrotes Fleisch, auch der Stiel hat beim Abschneiden diese Farben, ist aber außen nicht so schön braungefleckt, sondern einfarbig schmutzigbräunlich.

22. Großer Schirmling. Eßbar.
Lepióta procéra Scop.

23. Wacholder-Milchling. Echter Reizker, Röstling. Eßbar.

Lactária deliciósa L.

Der Hut dieses vorzüglichen Pilzes ist orangefarbig oder ziegelrot, meist gezont in orangefarbige und grünliche Ringe. Im Alter wird er grünspanfarbig, wie denn auch bei Verletzung diese Farbe stets hervortritt. Jung ist er flach mit nach unten gleichmäßig gebogenem Rande, später wird er trichterförmig. Bei feuchtem Wetter ist der Hut schmierig und wächst dann glatt ohne Zonenringe.

Das Fleisch ist ebenfalls rötlichgelb und läßt beim Bruche eine **orangerote** Milch reichlich heraustropfen; dies ist das sicherste Kennzeichen für diesen Pilz.

Die gelben Blätter laufen etwas am Stiele herab und werden beim Drucke ebenfalls sofort grünspanfarbig.

Der Stiel ist dem Hute gleichfarbig, anfangs voll, später hohl.

Der Geruch ist außerordentlich aromatisch, der Geschmack mild und angenehm würzig.

Zeit: Vielfach in großer Menge bereits Ende Juni bis in den November hinein.

Standort: Wächst unter dichtem Nadelgebüsch, auf feuchten, moosigen Wiesen und auf mit Heidekraut und Wacholdersträuchern bestandenen Waldhügeln. **Oft wächst er auf einer Stelle zusammen mit dem zum Verwechseln ähnlichen giftigen Milchling (Giftreizker)** (siehe Abb. 24), **der jedoch einen zottigen Hutrand und weiße Milch besitzt**, auch ist dessen Geschmack bitter, beißend und scharf. Eine andere, aber ungefährliche Verwechslung kann mit dem Blut-Milchling, *Lactárius sanguifluus Paul*, vorkommen, der aber eßbar ist. Dieser Pilz hat eine **blutweinrote** Milch, die Blätter laufen am Stiele herab. Er sieht dem guten Reizker sehr ähnlich und kommt nur auf kalkhaltigem Boden vor.

Wert: Er gehört zu unsern wertvollsten Speisepilzen und läßt sich auf alle mögliche Arten verwerten, nur beim Trocknen verliert er an Geruch und Geschmack. Der von ihm bereitete Pilzextrakt wird im Wohlgeschmack von keinem Extrakt anderer Pilze übertroffen.

23. Wacholder-Milchling. Echter Reizker, Röstling. Eßbar.
Lactária deliciósa L.

---

24. Gift-Milchling. Giftreizker. Giftig!
Lactária torminósa Schaeff.

Der Hut dieses Pilzes sieht im Jugendzustande dem des guten Reizkers oft täuschend ähnlich, nur wird er nie ziegelrot oder grünlich, sondern mehr fleischfarben, aber ebenfalls mehr oder weniger gezont. Sehr charakteristisch ist der stets zottig behaarte Rand des Hutes.

Das Fleisch ist weiß und sondert eine weiße Milch ab, während der gute Reizker orangerote Milch absondert.

Die Blätter sind weißlich.

Der Stiel ist dem Hute gleichfarbig, im Alter hohl und brüchig.

Der Geruch ist nicht besonders auffallend, der Geschmack aber bitter, beißend und scharf.

Zeit: Im Sommer und Herbst.

Standort: Er wächst gern unter Birken, in Gebüschen, auf Heideplätzen, moosigen Wiesen und da zwischen den echten Reizkern.

Wert: Er ist entschieden giftig, wie zweifelsohne mehrere dem Verfasser bekannte Vergiftungsfälle dies bewiesen haben. Das Einprägen der Merkmale hütet vor Verwechslung.

Über das sogenannte Entgiften der Pilze siehe Abhandlung Seite 19: Wie schützt man sich vor Pilzvergiftungen?

24. Gift-Milchling. Giftreizker. Giftig!
Lactária torminósa Schaeff.

---

25. Birnen-Milchling. Brätling, Brotpilz. Eßbar.

Lactária voléma Fr.

Der Hut ist gleichmäßig, rotgelb oder hellrötlichbraun und wird bis 12, mitunter 15 cm breit. Im Alter bekommt er Risse, in der Jugend ist der Hutrand etwas eingerollt.

Das Fleisch ist fest, dick und enthält sehr viel weiße Milch. Diese tropft bei Verletzung sehr reichlich heraus.

Die Blätter sind anfangs blaßgelb, werden später bräunlich und färben sich auch beim Drucke braun.

Der Stiel ist in der Farbe dem Hute gleich, ziemlich dick, wird bis 12 cm hoch und rundet sich am Ende ab.

Der Geruch ist bei jungen Pilzen angenehm, während ältere tranig riechen.

Der Geschmack ist angenehm, fast süß.

Zeit: Im Sommer und Herbst.

Standort: In Laub- und Nadelwaldungen meist an feuchten Stellen und kommt oft truppweise vor.

Wert: Er wird vielfach roh gegessen und gibt besonders eine ganz vorzügliche Speise, wenn er gerieben und dann gebacken wird.

Für den Nichtkundigen ist eine Verwechselung mit dem nicht giftigen, aber ungenießbaren **braunroten Milchling** möglich, doch ist die Oberhaut dieses Milchlings feinflockig, der Rand filzig und der Geschmack der bei einer Verletzung sehr reichlich hervorquellenden ebenfalls weißen Milch sehr scharf brennend.

25. Birnen-Milchling. Brätling, Brotpilz. Eßbar.
Lactária voléma Fr.

26. **Grünlicher Täubling.** Eßbar.

Rússula viréscens Schaeff.

Die Täublinge, die bei einzelnen Arten eine mannigfaltige Farbenverschiedenheit zeigen, sind vom Laien sehr schwer zu bestimmen.

Der Hut des grünlichen Täublings ist anfangs halbkugelig, breitet sich später flach gewölbt aus, hat einen stumpfen, glatten Rand und wird 6–12 cm breit. Die trockene Oberhaut ist graugrün, mitunter bräunlich- oder gelblichgrün verblassend, zerreißt teilweise und wird dann flockig oder gefeldert und warzig. Das dicke Fleisch ist derb und weiß. Das Fleisch aller Täublinge ist härter als das der anderen Pilze.

Die Blätter stehen mäßig dicht, sind teils ungleich lang, teils gegabelt.

Der fleischige Stiel wird bis 8 cm lang, ist weiß und meist, zumal bei jungen Pilzen, nach unten verdickt.

Der Geruch ist gering, der Geschmack mild.

Zeit: Vom Juli bis September.

Standort: Findet sich meistens nur in Laubwäldern und in Gebüschen.

Wert: Er ist eßbar und gehört zu den schmackhafteren Täublingen. Für die Verwertung der Täublinge als Speise kann man die Regel aufstellen, daß alle mild schmeckenden Täublinge und solche mit gelblichen und gelben Blättern eßbar, alle beißend und unangenehm schmeckenden ungenießbar sind. Alle Täublinge können wegen ihres derben Fleisches mit wenigen Ausnahmen nur als Mischpilze verwendet werden.

26. Grünlicher Täubling. Eßbar.
Rússula viréscens Schaeff.

---

27. Ledergelbblättriger Täubling. Eßbar.
Russulína alutácea Pers.

Der Hut, anfangs halbkugelförmig, breitet sich bald flach aus und ist später in der Mitte niedergedrückt. Er wird 5–15 cm breit. Sein Rand ist dünn, anfangs glatt, später höckerig gerieft. Die Farbe des Hutes ist sehr verschieden. Unter den Täublingen ist dieser Pilz das reine Chamäleon, denn die jungen Pilze sind entweder grünlich, grünlichgelb, ins Rote spielend, blutrot, braunrot, purpurrot oder kirschbraun. Die dünne Oberhaut läßt sich leicht abziehen.

Die Blätter stehen frei am Stiele oder sind nur kurz angeheftet, ziemlich breit, anfangs gelblich, später lederartig, daher der Name des Pilzes.

Der volle, walzenförmige Stiel ist meist weiß, seltener rot angehaucht.

Geruch gering, Geschmack angenehm mild.

Zeit: Vom August bis November.

Standort: Er kommt in Laub- und Nadelwäldern vor, jedoch nicht in allen Gegenden. Wo er wächst, findet er sich aber in großen Mengen.

Wert: Er gehört zu den wohlschmeckenden Täublingen.

Mit echtem Weinessig als Salat zubereitet schmeckt er vorzüglich.

27. Ledergelbblättriger Täubling. Eßbar.
Russulína alutácea Pers.

28. Samtfuß-Krämpling. Genießbar.
Paxíllus atrotomentósus Batsch.

Der außerordentlich dickfleischige Hut, meist an Baumstümpfen einseitig vorgestreckt, erreicht mitunter einen Durchmesser von 20 cm und mehr. Die Oberfläche ist erst braun, samtartig feinfilzig, bei trockenem Wetter rissig. Der Rand des Hutes ist scharf eingerollt, das Fleisch gelblichweiß, wässerig.

Die Blätter sind kurz herablaufend, gelblich.

Der Stiel ist kurz, dick und außen mit schwarzbraunem oder ganz schwarzem dichtzottigen Filze bekleidet.

Geruch und Geschmack sind säuerlich.

Zeit: Vom Anfang des Herbstes an.

Standort: In Nadelwäldern am Grunde alter Stämme oder an Wurzeln.

Wert: Im Vogtlande und Erzgebirge wird er viel eingetragen und zu sauren Kartoffelstückchen mitgekocht. Er schmeckt auch für sich gebraten säuerlich, alte und große Pilze sogar widrig.

29. Kahler Krämpling. Eßbar.
Paxíllus involútus Batsch.

Der Hut, anfangs flach gewölbt, 5–15 cm breit, wird später fast trichterförmig. Die Oberfläche ist glatt, glänzend und ockerbraun oder gelbbraun, in der Mitte etwas schleimig. Eine Abart ist fast gelb. Das Fleisch ist gelblich und wird bei Verletzung bräunlich oder rotbräunlich. Der Rand des Hutes ist ebenfalls scharf eingerollt (das charakteristische Kennzeichen der Krämplinge, daher auch ihr Name), filzigzottig. Die gelblichen Blätter sind nach hinten durch Queradern verbunden, laufen am Stiele herab und werden durch Druck braunfleckig.

Geruch und Geschmack angenehm, etwas säuerlich.

Zeit: Schon vom Juni an bis zum Spätherbst.

Standort: In Wäldern, Gebüschen, in Gräben, an Wegen, in Gärten, fast überall.

Wert: Er gehört zu den wohlschmeckenden Mischpilzen und ist deshalb wertvoll, weil er in großen Mengen zu finden ist. Das Fleisch färbt sich beim Kochen und Braten dunkel. Außerdem läßt er sich gut trocknen.

28. Samtfuß-Krämpling. Genießbar.
Paxíllus atrotomentósus Batsch.

29. Kahler Krämpling. Eßbar.
Paxíllus involútus Batsch.

---

30. Echter Ritterling. Grünling, Grünreizker. Eßbar.
Agáricus (Tricholóma) equéster L.

Der Hut erhebt sich wenig über den Erdboden, er ist anfangs glockig gewölbt, bei feuchtem Wetter schleimig-klebrig, verflacht sich später, behält aber in der Mitte einen kleinen Buckel. Er wird bis 10 cm breit, ist fleischig, braungelb, mitunter olivgelb und feinschuppig. Das Fleisch ist gelb.

Die Blätter stehen ziemlich dicht, sind an dem Stiele ausgerandet und schwefelgelb.

Der Stiel, anfangs nach unten verdickt, ebenfalls schwefelgelb, ist meistens glatt, selten feingeschuppt und sitzt fast immer im Erdboden.

Geruch und Geschmack sind angenehm.

Zeit: Im Spätherbst.

Standort: In Nadelwäldern, vorzugsweise in Kiefernwaldungen in großen Mengen, meist truppweise.

Wert: Von seiner Oberhaut befreit (die einen erdigen Geschmack besitzt), zählt er zu den besten Herbst-Speisepilzen und bildet bereits seit langer Zeit im Osten Deutschlands einen gesuchten Handelsartikel. Seit einigen Jahren kommt er auch in mitteldeutschen Großstädten in größeren Mengen zum Verkauf. In Schweden kommt er in sehr großen Mengen vor.

30. Echter Ritterling. Grünling, Grünreizker. Eßbar.
Agáricus (Tricholóma) equéster L.

---

31. Grauer Ritterling. Eßbar.
Agáricus (Tricholóma) portentósus Fr.

Der anfangs gewölbte Hut breitet sich später aus, bleibt aber meist gebuckelt und wird 6–12 cm breit. Der Rand ist eingezogen und unregelmäßig geschweift, bei trockenem Wetter oft spaltig zerrissen. Die Farbe der Oberhaut ist hell- bis dunkel-aschgrau, mit feinen eingewachsenen schwarzen Linien, und verbleicht bei älteren Pilzen nach dem Rande zu ins schmutzig Gelbgraue. Die Oberhaut läßt sich leicht abziehen.

Das Fleisch und die Lamellen sind weiß oder weißlichgelb.

Der Stiel, voll und walzenförmig, ist fein gestreift, meist weißlichgelb und sitzt fast immer bis zum Hute in der Erde. Beim Zerbrechen zerteilt er sich, und die faserigen Stränge rollen sich nach außen zurück.

Der Geruch ist erdig, der Geschmack angenehm.

Zeit: Erst im Oktober und findet sich oft noch nach vorübergehenden Frösten bis zum Dezember.

Standort: Nur in Nadelwäldern, ganz besonders aber in Kiefernwaldungen oft in großen Mengen, meist truppweise.

Wert: Er gehört zu unseren wertvollsten und vorzüglichsten Speisepilzen, nur muß die Oberhaut wegen des erdigen Geschmackes entfernt werden.

Dieser Ritterling wird viel vom Wilde angegangen, ganz besonders aber von den Eichhörnchen.

31. Grauer Ritterling. Eßbar.
Agáricus (Tricholóma) portentósus Fr.

---

32. Stock-Schüppling. Stockschwämmchen. Eßbar.
Pholióta mutábilis Schaeff.

Der Hut ist anfangs gewölbt, später flach ausgebreitet mit etwas stumpfer Erhöhung in der Mitte, lederbraun und nach dem Rande zu oft ringförmig mit wässerig-hellbraunem Farbentone.

Das Fleisch ist etwas wässerig und bräunlich.

Die Blätter sind anfangs hellbraun, später rostbraun. Bei den älteren Pilzen laufen die Blätter etwas am Stiele herab.

Der Stiel ist ganz besonders charakteristisch, nämlich feinsparrig geschuppt mit einem häutigen, bräunlich-schwärzlichen Ringe, der allerdings oft verschwindet. Nach unten ist er schwärzlichbraun, nach oben hellbraun.

Der Geruch ist sehr aromatisch, der Geschmack gut.

Zeit: Bereits vom Mai ab bis zum Herbst.

Standort: An alten, harten, vorzugsweise Buchenstöcken, stets büschelweise.

Wert: Als Suppenpilz einer der vorzüglichsten und gesuchtesten. Läßt sich außerdem sehr gut züchten. Bringt man alte Buchenstöcke, an denen bereits Stockschwämmchen gewachsen waren, in einen Garten an eine etwas schattige Stelle, so kann man fast den ganzen Sommer hindurch Pilze ernten. Man hat nur nötig, den Stamm von Zeit zu Zeit feucht zu halten.

Eine Verwechselung mit dem giftigen Büschligen Schwefelkopfe kann außerordentlich leicht geschehen, doch werden bei letzterem die anfangs gelben Blätter bald grünlich, zuletzt schwärzlichgrün; auch ist der Stiel glatt und hellgelb, der Geruch unangenehm und der Geschmack bitter. Er wächst sehr zahlreich und mitunter gemeinsam mit dem Stockschwämmchen. Vergl. Abb. 34.

32. Stock-Schüppling. Stockschwämmchen. Eßbar.
Pholióta mutábilis Schaeff.

---

33. Honiggelber Hallimasch. Eßbar.
Armillária méllea Quel.

Der Hut ist honiggelb bis schmutzigbraun, mit bräunlichen, leicht abwischbaren Schüppchen und kleinen Faserbüscheln besät. Anfangs eingerollt, mit dem Stiele durch einen Schleier verbunden, breitet er sich später flach aus. Er wird bis 12 cm breit.

Das Fleisch ist hellbräunlich.

Die Blätter stehen weitläufig, sind weißlich bleich, später bräunlich und oft gefleckt.

Der Stiel trägt einen flockigen Ring, ist anfangs rötlichbraun, später graugelb und nach unten olivbraun oder grünlichgrau. Am Grunde ist er verdickt, wird 5–12 cm lang und ist faserig und zäh.

Der Geruch ist schwach süßlich, der Geschmack säuerlich-herb, zusammenziehend, unangenehm.

Zeit und Standort: Wächst erst im September in großer Menge an alten Stöcken, alten Stämmen und Wurzeln. Die Sporen der älteren höher stehenden Hüte lagern sich oft schimmelartig auf die unteren. Sein Myzel bildet bei Abschluß des Lichtes eigentümliche Stränge (*Rhizomorpha*), die nicht nur in altem Holze (wie in Bergwerken), sondern auch in frischen Stämmen anzutreffen sind und zerstörend auf das Holz und Leben der Bäume einwirken. Der Pilz gehört deshalb zu den von allen Forstleuten gefürchteten Schädlingen. – Aber nicht nur im Walde ist er ein Schädling, sondern auch für die Obstbäume (Birnen, Apfel- und Pflaumenbäume). Ganz besonders befällt er die Obstbäume derjenigen Gärten, die in der Nähe des Waldes liegen. Da das Myzel jahrelang zwischen der Rinde und dem Holze wuchert, ohne daß es Fruchtkörper bildet, so werden diese Bäume langsam abgetötet. Der Besitzer erkennt die Ursache des Absterbens erst dann, wenn die Fruchtkörper erscheinen. Von dem Myzel befallenes Holz und Wurzeln leuchten im Finstern lebhaft.

Wert: Trotz seines im frischen Zustande garstigen Geschmackes ist er zubereitet ein wohlschmeckender Pilz, den man tragkorbweise sammeln kann. Zum Trocknen und Einmachen in Essig eignet er sich nicht, wohl aber zu Gemüse und zum Sterilisieren. Beim Sammeln sind nur die Hüte zu nehmen.

33. Honiggelber Hallimasch. Eßbar.
Armillária méllea Quel.

---

34. Büschliger Schwefelkopf. Giftig!
Hypholóma fasciculáre Huds.

Sein Hut ist anfangs halbkugelig, später verflacht, schwefelgelb, in der Mitte dunkler, fast rötlichgelb und wird bis 5 cm breit.

Das Fleisch ist hellgelb.

Die Blätter sind anfangs schwefelgelb, später grünlich und werden zuletzt schwärzlichgrün.

Der Stiel ist hohl, glatt und faserig.

Der Geruch ist nicht angenehm, der Geschmack bitter.

Zeit: Wächst vom Mai ab.

Standort: An alten Baumstümpfen und Wurzeln, sehr zahlreich und mitunter gemeinsam mit dem Stockschwämmchen.

Wert: Giftig! Über das Giftig- oder Nichtgiftigsein des Schwefelkopfes wird so häufig gestritten; nach des Verfassers Ansicht unnötiger Weise. Wenn eine Pilzart aber in gewöhnlicher Weise zubereitet (ohne vorherige Abkochung, d. h. ohne daß das Kochwasser weggeschüttet wird), Übelsein und Durchfall erregt, so nennt man dies giftige Wirkung, wenn auch der Betreffende nicht daran stirbt.

34. Büschliger Schwefelkopf. Giftig!
Hypholóma fasciculáre Huds.

35. Habichts-Stacheling. Habichtspilz, Rehpilz. Eßbar.

Phaédon imbricátus L.

Der Hut ist anfangs etwas eingerollt, fast eben und nur im Alter in der Mitte eingedrückt, schokoladenbraun und mit fleischigen, großen, sparrigen Schuppen kreisförmig besetzt, die bei alten Pilzen schwarzbraun werden.

Das derbe Fleisch ist schmutzigweiß.

Die Stacheln, welche am Stiele herablaufen, sind sehr dichtstehend, ziemlich lang und geben der Unterseite das Aussehen eines Hirsch- oder Rehfelles; daher wird er auch im Volksmunde als Hirsch- oder Rehpilz bezeichnet.

Der Stiel ist weißgrau, daumendick und kurz.

Der Geruch ist eigenartig aromatisch, ebenso der Geschmack.

Zeit: Ende Sommer und im Herbst oft in großer Menge.

Standort: In jedem Nadelwalde.

Wert: Ein guter Speisepilz, der sich ganz besonders zum Sterilisieren eignet. Alt und naß schmeckt er bitter.

Er wird zuweilen mit dem ziemlich selten vorkommenden ungenießbaren Gallen-Stacheling, *Hydnum amarescens*, verwechselt. Dieser ist aber jung schon gallenbitter, auch sind die Schuppen des Hutes etwas kleiner, nicht so sparrig und hellbraun. Das untrüglichste Kennzeichen ist das Schwarzwerden des Stieles beim Fingerdruck.

35. Habichts-Stacheling. Habichtspilz, Rehpilz. Eßbar.
Phaédon imbricátus L.

---

36. Semmel-Porling. Semmelpilz. Eßbar.
Polyporus cónfluens Alb. et Schw.

Die Hüte dieses Pilzes sind stets miteinander innig verwachsen und bilden eine gestaltlose Masse von 12–18 cm Breite. Sie sehen bald semmelgelb, bald rötlichgelb aus und werden bei trockenem Wetter rissig.

Das Fleisch ist weiß und fest, schmeckt etwas bitter.

Die Unterseite besteht aus ganz kurzen Röhrchen, die von außen als kleine feine Löcher (Poren) erscheinen.

Der Stiel ist strunkartig und sitzt in der Erde.

Zeit: Meist erst im Herbst.

Standort: In Nadelwäldern nur auf dem Erdboden.

Wert: Im Jugendzustande ist er ganz vorzüglich, im Alter jedoch bitter. Ganz besonders ist es die Oberhaut, welche die Bitterkeit enthält und deshalb entfernt werden muß. Beim Kochen und Einmachen nimmt er eine hellrötliche Färbung an.

37. Schaf-Porling. Schafeuter. Eßbar.

Polyporus ovínus Schaeff.

Der Hut ist verschieden gestaltet, teils gewölbt oder wellig verbogen, teils eben und weiß oder graugelblich, im Alter und bei trockenem Wetter rissig gefeldert. Er wird bis über 10 cm breit.

Das Fleisch ist derb und weiß.

Die kurzen Röhren des Futters haben feine runde Mündungen.

Der daumendicke Stiel ist voll, weiß, oft gekrümmt und nach unten abgerundet.

Zeit: Vom Sommer bis zum Herbste.

Standort: Vorzugsweise in Nadelwäldern und kommt meist truppweise in großer Menge vor. Ganz besonders auf hügeligen moosigen Stellen im Hochwalde.

Wert: Wegen seines schönen und sehr schmackhaften Fleisches gehört er zu den besten Speisepilzen. Er läßt sich sehr vielseitig verwerten.

36. Semmel-Porling. Semmelpilz. Eßbar.

Polyporus cónfluens Alb. et Schw.

37. Schaf-Porling. Schafeuter. Eßbar.
Polyporus ovínus Schaeff.

38. Kartoffel-Bovist. Pomeranzen-Härtling. Giftig!
Sclerodérma vulgáre Horn.

Unter Bovist versteht man einen Pilz, der einen vollständig geschlossenen Fruchtkörper darstellt und kugel-, birnen-, knollen- oder kartoffelförmig ist. Im Jugendzustande ist das Innere dieser Pilze immer weiß, markig und derb, im reifen Zustande dagegen mit staubfeinen Sporen ausgefüllt; vollständig reif platzen sie und die Sporen werden vom Winde überallhin zerstäubt. Im Volksmunde sind sie auch unter den Namen Wieseneier, Schafeier, Staubpilze bekannt. Mit Ausnahme des Kartoffel-Bovist sind sie fast alle eßbar.

Der Kartoffel-Bovist gleicht einer Kartoffel, kommt oft nesterweise aus der Erde empor, nur an einem faserartig dünnen Stiele auf der Erde sitzend. Er erlangt bisweilen einen Durchmesser bis zu 7 cm. Die Farbe ist rötlich- oder bräunlichgelb, nach unten gelblichgrün und die Oberfläche ist in kleine Felder zerrissen, die sich warzenartig hervorheben. Das Innere ist anfangs weiß, färbt sich aber später blau, zuletzt blauschwarz.

Der Geruch ist stark aromatisch.

Zeit: Im Spätsommer und Herbst.

Standort: Hauptsächlich in Nadelwäldern auf trockenen, sandigen Stellen, auch an Waldrändern und auf Wiesen.

Wert: Er ist unstreitig giftig. **Häufig wird der Kartoffel-Bovist als Trüffel angesehen; letztere wächst aber nur unter der Erdoberfläche.** Im Konservenhandel werden diese Härtlinge als „imitierte Trüffeln“ angeboten und zwar von Holland und Frankreich. Man hüte sich vor dieser Fälschung.

---

39. Schwärzlicher Bovist. Eier-Bovist. Jung eßbar.
Bovísta nigréscens Pers.

Die kugeligen oder eiförmigen Fruchtkörper sind in der Jugend weiß und gleichen ausgewachsen einem Ei oder einem jungen Edelpilze. Die äußere Hülle ist ganz glatt, etwas dicker als Papier, zerreißt aber bei der Reife und zerfällt dann in Lappen. Die innere Haut ist anfangs ebenfalls weiß, wird dann bräunlichschwarz und bekommt in der Mitte ein kleines rundes Loch, aus dem die staubartigen Sporen vom Winde in alle Richtungen zerstreut werden. Das Innere ist in der Jugend reinweiß und färbt sich im Alter schwarzbraun.

Zeit: Im Herbst.

Standort: Auf Wiesen und Triften, besonders Schafhutungen, wächst er oft in Menge.

Wert: Ist im Jugendzustande, solange er innen noch markig und weiß aussieht, eine wohlschmeckende Speise. Läßt sich in diesem Zustande auch sehr leicht trocknen.

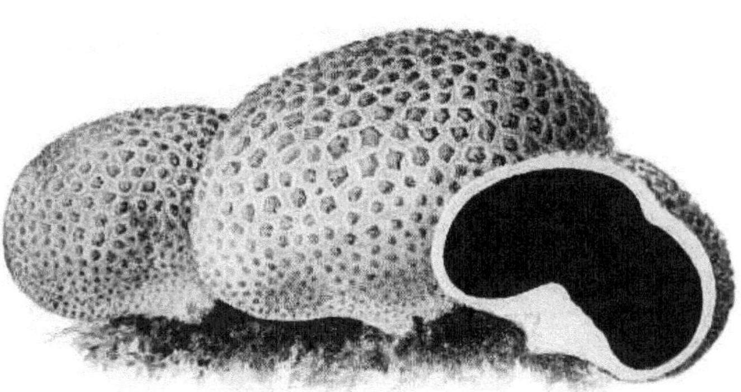

38. Kartoffel-Bovist. Pomeranzen-Härtling. Giftig!
Sclerodérma vulgáre Horn.

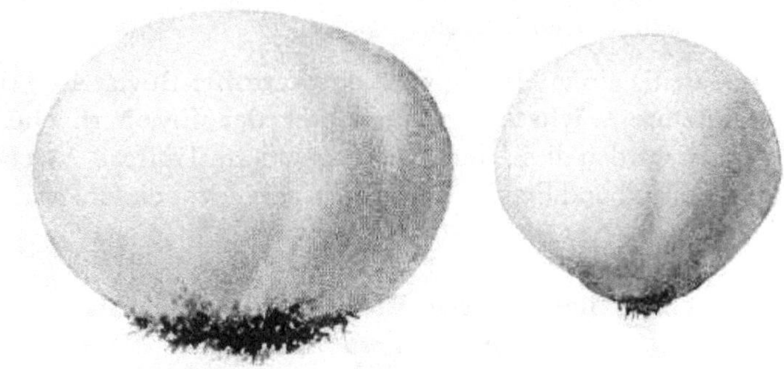

39. Schwärzlicher Bovist. Eier-Bovist. Jung eßbar.
Bovísta nigréscens Pers.